职业教育课程改革创新示范精品教材

汽车机械基础习题册

主　编　王　影
副主编　孟　起　裴瑞林
主　审　周超梅

北京理工大学出版社
BEIJING INSTITUTE OF TECHNOLOGY PRESS

版权专有　侵权必究

图书在版编目（CIP）数据

汽车机械基础习题册 / 王影主编 . —北京：北京理工大学出版社，2021.12 重印
ISBN 978-7-5682-3466-5

Ⅰ . ①汽… Ⅱ . ①王… Ⅲ . ①汽车—机械学—高等职业教育—习题集 Ⅳ . ① U463-44

中国版本图书馆 CIP 数据核字（2016）第 311858 号

出版发行 / 北京理工大学出版社有限责任公司
社　　址 / 北京市海淀区中关村南大街 5 号
邮　　编 / 100081
电　　话 /（010）68914775（总编室）
　　　　　（010）82562903（教材售后服务热线）
　　　　　（010）68944723（其他图书服务热线）
网　　址 / http：//www.bitpress.com.cn
经　　销 / 全国各地新华书店
印　　刷 / 定州市新华印刷有限公司
开　　本 / 787 毫米 × 1092 毫米　1/16
印　　张 / 7　　　　　　　　　　　　　　　　　责任编辑 / 李慧智
字　　数 / 154 千字　　　　　　　　　　　　　　文案编辑 / 孟祥雪
版　　次 / 2021 年 12 月第 1 版第 4 次印刷　　　　责任校对 / 周瑞红
定　　价 / 21.00 元　　　　　　　　　　　　　　责任印制 / 边心超

图书出现印装质量问题，请拨打售后服务热线，本社负责调换

前言 PREFACE

为适应职业院校汽车类各专业教学的需求，作者将工程材料、机械制造、机械基础等专业课程进行整合。《汽车机械基础》涵盖的学科内容广泛，是汽车类各专业学习的重要专业基础课程。该课程的学习，为后续专业课程的学习打下良好的基础。

《汽车机械基础习题册》为《汽车机械基础》教材的配套用书。

本习题册主要为满足汽车机械基础课程学习的需求而编写。《汽车机械基础习题册》的内容主要包括：汽车材料、静力学、汽车制造工艺与选择、机械加工工艺与装配、平面机构的运动简图及自由度、平面连杆机构、凸轮机构和其他常用机构、汽车常用连接、带传动和链传动、齿轮传动、蜗杆传动、汽车齿轮系、轴和轴承共十四个项目。通过习题的练习，学生不仅能够理解和巩固课程内容，还能更多地结合实际，增长见识，培养学习兴趣，达到学好汽车机械基础课程的目的。

本习题册共十四个项目，其中项目一、项目二、项目三和项目四由王影编写；项目五、项目六、项目七、项目九由裴瑞林编写；项目八、项目十、项目十一、项目十二、项目十三、项目十四由孟起编写。王影担任全书主编。

本书在编写过程中，参考了大量的资料和文献，在此对相关作者表示诚挚的谢意。

由于编者水平有限，书中难免存在不妥和错漏之处，欢迎读者批评指正。

编 者

目录 CONTENTS

习题部分

项目一　汽车材料 ··· 1

项目二　静力学 ··· 21

项目三　汽车制造工艺与选择 ··· 30

项目四　机械加工工艺与装配 ··· 39

项目五　平面机构的运动简图及自由度 ·· 42

项目六　平面连杆机构 ··· 46

项目七　凸轮机构和其他常用机构 ··· 54

项目八　汽车常用连接 ··· 57

项目九　带传动和链传动 ·· 59

项目十　齿轮传动 ·· 66

项目十一　蜗杆传动 ··· 70

项目十二　汽车齿轮系 ··· 73

项目十三　轴 ·· 75

项目十四　轴承 ··· 77

CONTENTS

答案部分

项目一	汽车材料	79
项目二	静力学	83
项目三	汽车制造工艺与选择	88
项目四	机械加工工艺与装配	91
项目五	平面机构的运动简图及自由度	92
项目六	平面连杆机构	94
项目七	凸轮机构和其他常用机构	96
项目八	汽车常用连接	97
项目九	带传动和链传动	98
项目十	齿轮传动	100
项目十一	蜗杆传动	101
项目十二	汽车齿轮系	103
项目十三	轴	104
项目十四	轴承	105

习题部分

项目一 汽车材料

一、填空题

1. 力学性能的指标有_____、_____、_____、_____和_____等。
2. 塑性评定指标是_____和_____。
3. 长期工作的弹簧突然断裂，属于_____破坏。
4. _____值越大，表示材料的韧性越好，在受到冲击时越不容易断裂。
5. 将原子看成一个点，用假想的线条将各原子中心连接起来，形成的空间几何格架，称为_____。
6. 能完全代表晶格特征的最小几何单元是_____。
7. _____是组成合金的最基本的单元。
8. 合金中凡是_____、_____、_____相同，并与其他部分有界面分开的均匀组成部分称为相。
9. 常见的金属晶格有体心立方晶格，_____晶格，密排六方晶格。
10. 实际金属中存在_____、_____、_____。
11. 晶体缺陷使_____发生畸变，金属的_____、_____上升，_____、_____下降。
12. 理论结晶温度与实际结晶温度的差值叫_____。
13. 冷却速度越_____过冷度越大。
14. 一般情况下，晶粒越_____，金属的硬度、强度、塑性和韧性越好。
15. 生产中细化晶粒的方法有：增加过冷度、_____、附加振动、降低浇注速度。
16. 固溶体有置换固溶体，_____固溶体。
17. 热处理有加热、_____和冷却三个阶段。
18. 化学热处理一般由渗入元素的_____、_____、扩散三个基本过程组成。
19. 淬火方法有_____、双介质淬火、_____和等温淬火。
20. 按含碳量分，碳素钢可分为：_____：含碳量是 $w(C) \leq 0.25\%$；_____：含碳量是 $w(C) = 0.25\% \sim 0.6\%$；_____：含碳量是 $w(C) > 0.6\%$。

21. 按用途分，碳素钢可以分为：_____、_____、_____。

22. 合金钢可以分为：合金结构钢、合金工具钢、_____。

23. 根据碳在铸铁中存在形式和形态的不同，铸铁可分为：白口铸铁、_____、_____、蠕墨铸铁、_____。

24. 灰铸铁中的碳主要以_____石墨形态存在于金属基体中，断口呈_____色。

25. 灰铸铁的力学性能较高，切削加工性能好，生产工艺简单，价格低廉，具有良好的_____、_____和耐磨性。

26. 灰铸铁的热处理只能改变基体组织，不能改变石墨的_____、_____、数量和分布情况，所以热处理对灰铸铁的力学性能影响不大。

27. 灰铸铁常用的热处理方法有_____、高温退火、_____；目的是_____铸件内应力，改善切削加工性能。

28. 白口铸铁中碳少量溶于铁素体，其余碳均以_____的形式存在于铸铁中，其断面呈银白色，硬而脆，很难进行切削加工。

29. 球墨铸铁的碳主要以_____石墨的形态存在于金属基体中，其力学性能高于灰铸铁，而且还可通过热处理方法进行强化，生产中常用制作受力大且重要的铸件。

30. 蠕墨铸铁的碳以_____石墨的形态存在于金属基体中，其力学性能介于灰铸铁和球墨铸铁之间。

31. 可锻铸铁的碳以_____石墨的形态存在于金属基体中，韧性和塑性高于灰铸铁，接近于球墨铸铁。

32. 灰铸铁的热处理中去应力退火的目的是_____。

33. 灰铸铁_____的热处理目的是消除白口铸铁。

34. 灰铸铁表面退火的热处理目的是提高_____和耐磨性。

35. 冷却速度越大，原子扩散能力越强，越有利于_____。

36. 铝合金的强化是_____加时效强化。

37. 塑料是以_____为基础，再加入一些用来改善使用性能和工艺性能的_____制成的高分子材料。

38. 塑料按合成树脂的性能不同，分为_____塑料和_____塑料。

39. 热塑性塑料通常为线型结构，能溶于有机溶剂，加热可_____，故易于加工成形；冷却后变硬，当再次受热时又软化并能反复使用。

40. 热固塑料通常为_____结构，不溶于有机溶剂，固化后重复加热不再软化和熔融，不能再成形使用。

41. 橡胶主要是在_____的基础上加入适量_____而制成的高分子材料。

42. 复合材料按其增强相可分为纤维增强复合材料、_____复合材料及层叠复合材料。

43. 玻璃钢的特点是高强度、价格低、来源丰富、工艺性能好，韧性_____。

44. 评定车用汽油的性能指标主要有_____、_____、_____。

_____和_____。

45．汽油的质量标准称为汽油的规格，其规格大小是根据汽油的_____来划分的。

46．汽车上装配的柴油机属于_____柴油机，所以车用柴油指的是_____
_____。选择车用柴油时，应根据不同地区和不同季节选用不同牌号的柴油。

47．润滑油黏度过_____，不易形成油膜，会加剧零件磨损，并使执行机构的油压
_____，从而出现换挡不正常等故障。

48．汽车制动液通常由_____、_____和_____三部分组成。

二、选择题

1．表示布氏硬度的是（　　）。
 A．75HRA　　　　B．150HBS　　　　C．700HV　　　　D．65HRC

2．表示洛氏硬度的是（　　）。
 A．70HRA　　　　B．150HBS　　　　C．600HV　　　　D．500HBW

3．表示维氏硬度的是（　　）。
 A．70HRA　　　　B．220HBS　　　　C．750HV　　　　D．65HRC

4．塑性的指标是（　　）。
 A．只有断后伸长率　　　　　　　　B．只有断面收缩率
 C．断后伸长率和断面收缩率　　　　D．塑性变形和弹性变形

5．强度的指标是（　　）。
 A．只有弹性极限　　　　　　　　　B．只有屈服强度
 C．只有抗拉强度　　　　　　　　　D．弹性极限、屈服强度和抗拉强度

6．低碳钢做成的 d_0=10 mm 的圆形短试样经拉伸试验，得到如下数据：F_s=21 100 N，则低碳钢的 σ_s 为（　　）MP。
 A．268.8　　　　B．235.2　　　　C．267.3　　　　D．305.6

7．低碳钢做成的 d_0=10 mm 的圆形短试样经拉伸试验，得到如下数据：F_b=34 500 N，则 σ_b 为（　　）MP。
 A．439.5　　　　B．236.2　　　　C．267.8　　　　D．205.6

8．低碳钢做成的 d_0=10 mm 的圆形短试样经拉伸试验，得到如下数据：d_1=6 mm，则低碳钢的 ψ 为（　　）。
 A．64%　　　　B．14%　　　　C．44%　　　　D．54%

9．规定有色金属的疲劳强度是经过多少次循环而不发生破坏，所对应的最大应力值为（　　）。
 A．10^8　　　　B．10^7　　　　C．10^6　　　　D．10^9

10．规定钢的疲劳强度是经过多少次循环而不发生破坏，所对应的最大应力值为（　　）。
 A．10^8　　　　B．10^7　　　　C．10^6　　　　D．10^9

11．金属结晶后的晶粒越小，则（　　）。

A．硬度越低　　　　　　　B．强度越低　　　　　　C．塑性越差　　　　　　D．韧性越好
12．莱氏体是（　　）。
　　A．由铁素体与渗碳体组成的　　　　　　B．由珠光体与渗碳体组成的
　　C．由奥氏体与渗碳体组成的　　　　　　D．过饱和的α固溶体
13．奥氏体是（　　）。
　　A．碳溶解在γ-铁中　　　　　　　　　　B．碳溶解在α-铁中
　　C．渗碳体溶解在γ-铁中　　　　　　　　D．过饱和的α固溶体
14．铁素体是（　　）。
　　A．碳溶解在γ-铁中　　　　　　　　　　B．碳溶解在α-铁中
　　C．渗碳体溶解在γ-铁中　　　　　　　　D．过饱和的α固溶体
15．可以细化晶粒的方法是（　　）。
　　A．提高冷却速度　　　　　　　　　　　B．降低冷却速度
　　C．提高升温速度　　　　　　　　　　　D．降低升温速度
16．晶体缺陷使金属的晶格发生（　　）。
　　A．晶格畸变　　　　B．强度下降　　　　C．塑性上升　　　　D．韧性上升
17．珠光体的组成是（　　）。
　　A．铁素体与奥氏体组成的混合物
　　B．奥氏体与渗碳体组成的混合物
　　C．铁素体与渗碳体组成的混合物
　　D．铁素体、奥氏体与渗碳体组成的混合物
18．珠光体的析出温度是（　　）。
　　A．液相线与共析线之间的温度　　　　　B．共晶温度
　　C．共晶线与共析线之间的温度　　　　　D．共析温度
19．低温莱氏体的析出温度是（　　）。
　　A．液相线与共析线之间的温度　　　　　B．共晶温度
　　C．共晶线与共析线之间的温度　　　　　D．共析温度
20．高温莱氏体的结晶温度是（　　）。
　　A．液相线与共析线之间的温度　　　　　B．共晶温度
　　C．共晶线与共析线之间的温度　　　　　D．共析温度
21．亚共析钢的室温组织为（　　）。
　　A．铁素体和珠光体　　　　　　　　　　B．奥氏体和珠光体
　　C．莱氏体和珠光体　　　　　　　　　　D．托氏体和珠光体
22．共析钢的室温组织为（　　）。
　　A．铁素体和珠光体　　　　　　　　　　B．奥氏体和珠光体
　　C．莱氏体和珠光体　　　　　　　　　　D．珠光体
23．过共析钢的室温组织为（　　）。

A．铁素体和珠光体　　　　　　　　　　B．渗碳体和珠光体
　　C．莱氏体和珠光体　　　　　　　　　　D．托氏体和珠光体
24．亚共晶铸铁的室温组织为（　　）。
　　A．铁素体和珠光体　　　　　　　　　　B．奥氏体和渗碳体
　　C．低温莱氏体、渗碳体和珠光体　　　　D．托氏体和珠光体
25．共晶铸铁的室温组织为（　　）。
　　A．铁素体和珠光体　　　　　　　　　　B．奥氏体和珠光体
　　C．莱氏体和珠光体　　　　　　　　　　D．低温莱氏体
26．过晶铸铁的室温组织为（　　）。
　　A．铁素体和珠光体　　　　　　　　　　B．渗碳体和珠光体
　　C．低温莱氏体和渗碳体　　　　　　　　D．托氏体和珠光体
27．含碳量与杂质对铁碳合金的性能的影响正确的是（　　）。
　　A．随含碳量增多，钢的强度上升　　　　B．随含碳量增多，钢的强度下降
　　C．随含碳量增多，钢的硬度下降　　　　D．随含碳量增多，钢的韧性下降
28．多晶体具有（　　）。
　　A．各向同性　　　　　　　　　　　　　B．各向异性
　　C．各向同性和各向异性　　　　　　　　D．可能各向同性和可能各向异性
29．单晶体具有（　　）。
　　A．各向同性　　　　　　　　　　　　　B．各向异性
　　C．各向同性和各向异性　　　　　　　　D．可能各向同性和可能各向异性
30．固溶体的性能是（　　）。
　　A．硬度高　　　　　　　　　　　　　　B．脆性大
　　C．塑性和韧性较好　　　　　　　　　　D．塑性和韧性较差
31．金属化合物的性能是（　　）。
　　A．塑性和韧性较好　　　　　　　　　　B．强度较低
　　C．硬度较低　　　　　　　　　　　　　D．硬度高、脆性大
32．高温莱氏体是由（　　）。
　　A．铁素体与渗碳体组成的　　　　　　　B．珠光体与渗碳体组成的
　　C．奥氏体与渗碳体组成的　　　　　　　D．铁素体与奥氏体组成的
33．一次渗碳体的结晶温度是（　　）。
　　A．共晶温度　　　　　　　　　　　　　B．液相线与共晶线之间的温度
　　C．共析温度　　　　　　　　　　　　　D．共晶线与共析线之间的温度
34．调质处理得到的组织所具有的力学性能（　　）。
　　A．硬而脆　　　　　　　　　　　　　　B．综合力学性能好
　　C．硬度高，塑性好　　　　　　　　　　D．强度低，塑韧性好
35．中温回火的组织主要是（　　）。

A．回火马氏体　　　B．回火索氏体　　　C．回火托氏体　　　D．回火珠光体

36．高温回火的组织主要是（　　）。

A．回火马氏体　　　B．回火索氏体　　　C．回火托氏体　　　D．回火珠光体

37．低温回火的组织主要是（　　）。

A．回火马氏体　　　B．回火索氏体　　　C．回火托氏体　　　D．回火珠光体

38．高温莱氏体的组成是（　　）。

A．铁素体与渗碳体组成的混合物

B．奥氏体与渗碳体组成的混合物

C．珠光体与渗碳体组成的混合物

D．铁素体、奥氏体与渗碳体组成的混合物

39．低温莱氏体的组成是（　　）。

A．铁素体与渗碳体组成的混合物

B．奥氏体与渗碳体组成的混合物

C．珠光体与渗碳体组成的混合物

D．铁素体、奥氏体与渗碳体组成的混合物

40．热处理保温的目的是（　　）。

A．促进晶核的长大　　　　　　　　　B．阻止晶核的长大

C．残余 Fe_3C 的溶解　　　　　　　　D．奥氏体成分的均匀化

41．加热温度、加热速度和保温时间对晶粒大小的影响正确的是（　　）。

A．加热温度越高晶粒越细　　　　　　B．加热速度越快晶粒越粗

C．保温时间越长晶粒越细　　　　　　D．加热速度快，保温时间短，晶粒越细

42．过冷奥氏体的等温转变产物正确的是（　　）。

A．高温转变产物是贝氏体型　　　　　B．中温转变产物是珠光体型

C．低温转变产物是马氏体型　　　　　D．高温转变产物是珠光体型

43．过冷奥氏体的连续冷却转变产物正确的是（　　）。

A．随炉冷是索氏体　　　　　　　　　B．空冷是珠光体

C．油冷是托氏体＋索氏体　　　　　　D．水冷是马氏体

44．双介质淬火与单介质淬火比较的优点是（　　）。

A．可减小应力，减少变形、开裂倾向　B．操作简单，好掌握

C．适用于形状简单、尺寸较小工件　　D．成本低

45．使表面具有高硬度和耐磨性，而心部具有一定的强度和良好韧性的热处理是（　　）。

A．淬火＋回火　　　B．退火　　　　　C．正火　　　　　　D．渗碳

46．用 45 碳钢制作直径为 18 mm 的传动轴，要求有良好的综合力学性能，22~25HRC，回火索氏体组织；要采用（　　）的热处理方式。

A．淬火＋回火　　　B．调质处理　　　C．正火　　　　　　D．渗碳

47．用 65Mn 制作的直径 5 mm 弹簧，要求高弹性，硬度为 38~40HRC，回火屈氏体；可采

用（　　）的热处理方式。

  A．淬火＋中温回火　　B．调质处理　　　　C．正火　　　　　　　D．渗碳

48．磷硫对铁碳合金性能的影响是（　　）。

  A．都是冷脆　　　　　　　　　　　　　　　B．都是热脆

  C．硫是冷脆，磷是热脆　　　　　　　　　　D．磷是冷脆，硫是热脆

49．65Mn 是（　　）。

  A．碳素结构钢　　　　　　　　　　　　　　B．碳素工具钢

  C．优质碳素结构钢　　　　　　　　　　　　D．高级优质碳素工具钢

50．ZGMn13（　　）。

  A．属于调质　　　　　　　　　　　　　　　B．在冲击和摩擦时可加工硬化

  C．常用的热处理是淬火＋回火　　　　　　　D．常用的热处理是退火

51．黄铜的组成是（　　）。

  A．铜锌组成的合金　　　　　　　　　　　　B．铜镍组成的合金

  C．铜锡组成的合金　　　　　　　　　　　　D．铜铅组成的合金

52．白铜的组成是（　　）。

  A．铜锌组成的合金　　　　　　　　　　　　B．铜镍组成的合金

  C．铜锡组成的合金　　　　　　　　　　　　D．铜铅组成的合金

53．T12A 是（　　）。

  A．碳素结构钢　　　　　　　　　　　　　　B．碳素工具钢

  C．优质碳素结构钢　　　　　　　　　　　　D．高级优质碳素工具钢

54．灰铸铁中碳主要以（　　）。

  A．渗碳体的形式存在于铸铁中　　　　　　　B．片状石墨的形态存在于铸铁中

  C．球状石墨的形态存在于铸铁中　　　　　　D．蠕虫状石墨的形态存在于铸铁中

55．球墨铸铁中的碳主要以（　　）。

  A．渗碳体的形式存在于铸铁中　　　　　　　B．片状石墨的形态存在于铸铁中

  C．球状石墨的形态存在于铸铁中　　　　　　D．团絮状石墨的形态存在于铸铁中

56．低碳钢含碳量是（　　）。

  A．含碳量≤0.25%　　　　　　　　　　　　B．含碳量≤0.35%

  C．含碳量≤0.45%　　　　　　　　　　　　D．含碳量≤0.15%

57．碳素结构钢可以采用（　　）。

  A．只有低碳钢　　　　　　　　　　　　　　B．只有中碳钢

  C．高碳钢　　　　　　　　　　　　　　　　D．低碳钢或中碳钢

58．合金结构钢主要用于制造（　　）。

  A．各种量具　　　　　　　　　　　　　　　B．各种机器零件和工程构件

  C．各种模具　　　　　　　　　　　　　　　D．各种刀具

59．60Si2Mn 的含碳量是（　　）。

A．百分之六十　　　B．万分之六十　　　C．百分之六　　　D．千分之六十

60．1Cr13 的含碳量是（　　）。

A．百分之一　　　B．万分之一　　　C．十分之一　　　D．千分之一

61．W6Mo5Cr4V2 平均含铬量约为（　　）。

A．百分之四　　　B．万分之四　　　C．十分之四　　　D．千分之四

62．GCr15 平均含铬量约为（　　）。

A．百分之十五　　B．万分之十五　　C．亿分之十五　　D．千分之十五

63．防锈铝合金（　　）。

A．强度很高

B．耐腐蚀

C．塑性和焊接性不好

D．能热处理强化

64．硬铝合金（　　）。

A．强度与高强度钢接近

B．耐腐蚀

C．塑性很好

D．不能热处理强化

65．锻造铝合金（　　）。

A．强度与超高强度钢接近

B．不耐腐蚀

C．热塑性较差

D．能热处理强化

66．铝合金的强化是（　　）。

A．固溶热处理＋时效强化

B．水韧处理＋加工硬化

C．正火

D．渗碳

67．黄铜（　　）。

A．强度随着含锌量的增加逐渐上升

B．塑性随着含锌量的增加逐渐降低

C．强度随着含锌量的增加逐渐下降

D．当锌的含量为 45% 时，强度最高

68．铜锌合金是（　　）。

A．黄铜　　　B．白铜　　　C．锡青铜　　　D．无锡青铜

69．滑动轴承合金（　　）。

A．减摩不耐磨

B．耐磨不减摩

C．减摩又耐磨

D．不耐磨也不减摩

70．硬质合金（　　）。

A．硬度高

B．热硬性较差

C．韧性好

D．容易切削加工

71．下面关于塑料的特点叙述不正确的是（　　）。

A．密度小、强度与刚度低

B．热膨胀系数大

C．绝缘性好

D．耐热性好

72. 酚醛塑料和 ABS（　　）。
    A．都不能磨碎重用
    B．都能磨碎重用
    C．酚醛塑料不能磨碎重用，ABS 能磨碎重用
    D．酚醛塑料能磨碎重用，ABS 不能磨碎重用

73. 关于钢化玻璃塑料的特点叙述不正确的是（　　）。
    A．是普通玻璃经过高温淬火处理的特种玻璃　　B．用于汽车前挡风玻璃
    C．用于汽车侧窗玻璃　　D．用于汽车后窗玻璃

74. 塑料的特点叙述不正确的是（　　）。
    A．比强度高　　B．抗疲劳性能好
    C．使用安全性高　　D．耐热性较差

75. 下列哪种物质可以减缓零部件的磨损，减少故障，延长发动机的使用寿命，最大限度地发挥发动机的应用功率（　　）。
    A．发动机润滑油　　B．发动机冷却液　　C．车用齿轮油　　D．空调制冷剂

76. 下列哪种燃料属于新能源低公害燃料（　　）。
    A．汽油　　B．柴油　　C．天然气　　D．乙醇

77. 下列哪一项特性不属于车用空调制冷液（　　）。
    A．汽化潜热大　　B．化学安定性好
    C．与润滑油不互溶　　D．不燃烧、不爆炸

三、判断题

1. 钢材在交变载荷作用下，经过 10^8 次循环而不发生破坏，所对应的最大应力值是疲劳强度。（　　）
2. 长期工作的弹簧突然断裂属于疲劳破坏。（　　）
3. 断后伸长率、弹性极限和断面收缩率是塑性的评定指标。（　　）
4. 冲击韧性是抵抗塑性变形而不破坏的能力。（　　）
5. 疲劳强度是零件在交变载荷作用下，经过很多次循环而不发生破坏，所对应的最大应力值。（　　）
6. 若材料承受的载荷是小能量多次冲击，则材料的冲击韧性主要取决于材料强度。（　　）
7. 当材料承受的载荷是大能量较少次数的冲击时，材料的冲击韧性主要取决于材料塑性。（　　）
8. 实际金属中存在的面缺陷是指晶界和亚晶界。（　　）
9. 金属结晶时，冷却速度越快过冷度越大。（　　）
10. 金属的结晶是在恒定温度下进行的，结晶时放出潜热，有一定的过冷度。（　　）

11. 结晶的过程是晶核产生和晶核不断长大的过程，增加过冷度，可增加晶核的形核率。
(　　)

12. 结晶的过程是晶核产生和晶核不断长大的过程，降低浇注速度，可降低晶核的形核率。
(　　)

13. 一般情况下，晶粒越细小，金属的强度越差、塑性和韧性越好。(　　)

14. 间隙固溶体是溶质原子分布在晶格之间形成的固溶体。(　　)

15. 铁素体（F）是碳溶于 γ-Fe 中形成的间隙固溶体。(　　)

16. 奥氏体（A）是碳溶于 α-Fe 中形成的间隙固溶体。(　　)

17. 珠光体（P）是 A 与 Fe_3C 组成的机械混合物。(　　)

18. 高温莱氏体（Ld）是 A 与 Fe_3C 组成的共晶体。(　　)

19. α-Fe 是体心立方晶格。(　　)

20. w（C）=0.5% 的亚共析钢结晶时，当温度降低到共析温度时，剩余的奥氏体共析为珠光体。
(　　)

21. 只有共析钢才能发生共析转变。(　　)

22. 随含碳量的增加，钢的硬度、强度上升，塑性、韧性下降。(　　)

23. 马氏体是碳在 γ-Fe 中的过饱和固溶体。(　　)

24. 将淬火与低温回火相结合的热处理称为调质处理。(　　)

25. 屈氏体是铁素体基体中弥散分布着极细粒状渗碳体的复合组织。(　　)

26. 过冷奥氏体冷却速度越快，钢冷却后的硬度越高。(　　)

27. 钢中合金元素越多，淬火后的硬度越高。(　　)

28. 淬火钢回火后的性能主要取决于回火时的冷却速度。(　　)

29. 淬透性好的钢，淬硬性也一定好。(　　)

30. 为了改善碳素工具钢的切削加工性能，其预先热处理应采用完全退火。(　　)

31. 正火的硬度和强度比退火低。(　　)

32. 形状复杂的零件应采用正火，消除内应力。(　　)

33. 化学热处理一般由渗入元素的吸收、扩散两个基本过程组成。(　　)

34. 渗氮化学热处理不需要淬火 + 低温回火。(　　)

35. 用 45 碳钢制作直径为 18 mm 的传动轴，要求有良好的综合力学性能，22~25HRC，回火索氏体组织，可采用调质处理。(　　)

36. 用 20CrMnTi 制作的汽车传动轴齿轮，要求表面有高硬度、高耐磨性、58~63HRC，硬化层深 0.8 mm。首先进行渗碳，然后高频感应加热表面淬火，最后低温回火。(　　)

37. 用 65Mn 制作的直径为 5 mm 的弹簧，要求高弹性，硬度为 38~40HRC，回火屈氏体；可先进行淬火然后进行中温回火。(　　)

38. 用 45 钢制作的某机床主轴，其轴颈部分和轴承接触要求耐磨，52~56HRC，硬化层深 1 mm。首先进行调质处理，然后高频感应加热表面淬火，最后低温回火。(　　)

39. 碳素钢是含碳量小于 4.3% 的铁碳合金。（　　）
40. 合金元素能增加过冷奥氏体稳定性及提高回火稳定性。（　　）
41. 低合金高强度结构钢的强韧性比含碳量相同的碳钢好。（　　）
42. 调质钢 40Cr 的平均含碳量为 0.4%。（　　）
43. 低合金刃具钢 9SiCr 的平均含碳量为 9%。（　　）
44. 不锈钢 OCr19Ni9 的平均含碳量为 0。（　　）
45. 高碳铬滚动轴承钢 GCr15 的平均含铬量为 15%。（　　）
46. 冷作模具钢 Cr12MoV 的平均含钼量小于 1.5%。（　　）
47. 因为含碳量过低，强度和硬度低，含碳量过高，塑性、韧性差，所以调质钢的含碳量为 0.25%~0.50%。（　　）
48. 弹簧钢的最终热处理采用淬火 + 中温回火。（　　）
49. 在含碳量相同的前提下，含有碳化物形成元素的合金钢比碳素钢的强度高。（　　）
50. 轴承钢中含碳量不高。（　　）
51. 合金元素的加入可以提高钢的淬透性和回火稳定性。（　　）
52. 合金元素的加入无法强化铁素体。（　　）
53. 冷作模具钢和热作模具钢都是高碳钢。（　　）
54. 冷作模具钢的化学成分与合金刃具钢相似。（　　）
55. ZGMn13 在任何条件下都耐磨。（　　）
56. 耐磨钢常用的热处理是水韧处理。（　　）
57. 马氏体型不锈钢耐蚀性很好。（　　）
58. 奥氏体不锈钢高的耐蚀性很好。（　　）
59. 17 结构钢能作刃具钢。（　　）
60. 工具钢能作结构钢。（　　）
61. 白口铸铁中碳少量溶于铁素体，其余碳均以渗碳体的形式存在于铸铁中。（　　）
62. 灰铸铁中的碳主要以球状石墨形态存在于金属基体中。（　　）
63. 可锻铸铁的碳以球状石墨的形态存在于金属基体中。（　　）
64. 灰铸铁可通过热处理强化。（　　）
65. 灰铸铁的热处理可采用去应力退火消除内应力。（　　）
66. 灰铸铁的热处理可采用高温退火改善切削加工性能。（　　）
67. 球墨铸铁的力学性能比其他铸铁的都高。（　　）
68. 球墨铸铁能通过热处理强化。（　　）
69. 采用球化退火可得到球墨铸铁。（　　）
70. 可锻铸铁可锻造加工。（　　）
71. 白口铸铁硬度高，可作刀具材料。（　　）
72. 灰铸铁不能淬火和回火。（　　）
73. 铝合金时效处理时，时效温度越高，时效过程越快，强化效果越好。（　　）

74. 高分子材料是相对分子质量在 5 000 以上的有机化合物的总称。（　　）
75. 热塑性塑料不易于加工成形。（　　）
76. 热固塑料固化后重复加热不再软化和熔融，亦不溶于有机溶剂，不能再成形使用。
（　　）
77. 完全固化后的酚醛塑料能磨碎重用。（　　）
78. 完全固化后的 ABS 不能磨碎重用。（　　）
79. 复合材料是指由两种或两种以上化学性质相同的物质组合起来而得到的一种多相固体材料。（　　）
80. 简述玻璃钢的特点是价格低、来源丰富、工艺性能好、韧性好但强度不高。（　　）
81. 发动机润滑油的黏度高、黏温特性好、抗腐蚀、抗氧化稳定和热氧化安定性好、清洁分散性强。（　　）
82. 温度对油品黏度的影响很大，温度升高，黏度降低。（　　）
83. 轻柴油与汽油相比，具有馏分轻、自然点低、黏度大、密度大、蒸发性差、储运过程中损耗少和使用安全等特点。（　　）
84. 柴油发动机与汽油发动机相比，具有耗油量低、能量利用率高、废气排放量小、工作可靠性好和功率使用范围宽等优点。（　　）
85. 齿轮油的选择首先要根据齿轮的类型、负荷大小、滑动速度选定合适的质量级别。（　　）
86. 选用润滑脂应考虑工作温度、运动速度和承载的负荷，工作温度高，应选用滴点低的润滑脂。（　　）
87. 润滑油黏度过大，流动性差，使发动机起动后，油液供至各控制阀、执行机构的时间延迟，造成换挡滞后时间增加，严重时可能引起离合器打滑或烧结。（　　）
88. 不同规格的制动液不能混用。（　　）
89. 运动速度大时，应选用高稠度级别的润滑脂。（　　）

四、名词解释

1. 塑性

2. 硬度

3. 疲劳断裂

4. 金属的结晶

5. 同素异构转变

6. 合金

7. 固溶体

8. 钢的热处理

9. 退火

10. 正火

11. 淬火

12. 回火

13. 碳素钢

14. 合金钢

15. 硬质合金

16. 塑料

17. 橡胶

18. 复合材料

五、简答题

1. 什么是金属材料的力学性能？根据载荷形式的不同，力学性能的指标主要有哪些？

2. 什么是强度？其衡量指标及符号是什么？什么是塑性？其衡量指标及符号是什么？

3. 金属的结晶基本规律是什么？晶核的形核率与长大速度受哪些因素的影响？

4. 晶粒的大小对金属的力学性能有哪些影响？生产中有哪些细化晶粒的方法？

5. 什么是铁素体、奥氏体、珠光体和莱氏体？写出它们的符号。

6. 据 Fe-Fe$_3$C 相图分析 w(C)=0.77% 从液态缓冷至室温的组织。

7. 分析碳钢的组织、力学性能随含碳量增加的变化规律。

8. 按含碳量分,碳素钢主要有哪几种类型?含碳量各是多少?

9. 正火与退火的主要区别是什么?应如何选择正火与退火?

10. 化学热处理包括哪几个基本过程？常用的化学热处理方法有哪几种？

11. 合金元素能否增加过冷奥氏体稳定性及提高回火稳定性？

12. 为什么低合金高强度结构钢的强韧性比含碳量相同的碳钢好？

13. 为什么调质钢的含碳量为 0.3%~0.5%？合金元素在合金调质中有什么作用？

14. 轴承钢中含碳量为何较高？合金元素在钢中的主要作用是什么？

15. ZGMn13 在哪种工作条件下耐磨？为什么？常用何种热处理？

16. 铸铁根据什么来分类？分为哪几类？各有何特点？

17. 灰铸铁为什么通过热处理强化效果不明显？它常用的热处理工艺有哪几种？

18. 球墨铸铁是怎么获得的？为什么它的力学性能比其他铸铁的都高？

19. 叙述滑动轴承合金的性能要求。

20. 轴的常用材料有哪些？

21. 什么叫塑料？按合成树脂的性能，塑料分为哪两类？各有什么特点？

22. 车用齿轮油的作用是什么?

23. 减震器油应具备哪些性能?

24. 简述车用制动液的主要使用性能。

项目二　静力学

一、填空题

1. 力是物体间的相互作用，其作用结果使物体的_____或_____发生变化。
2. 力的三要素是指_____、_____和_____。
3. 力是具有大小和方向的_____，其始端或末端表示力的作用点。
4. _____是同时作用在物体上的一群力。
5. 如果一个力系对物体的作用能用另一个力系来代替而不改变作用的外效应，则这两个力系为_____。
6. 作用于刚体的两个力，使刚体保持平衡的充分和必要条件是：这两个力大小_____，方向_____，且作用在_____。
7. 对于作用在刚体上的任何一个力系，增加或减去任一_____，不会改变原力系对刚体的作用效果。
8. 作用在刚体上的力，其作用点可沿着作用线在刚体上任意_____，而不改变它对刚体的作用效果。
9. 作用于物体同一点的两个力的合力，其作用线必过该点，其大小和方向可由此二力的力矢为邻边所作的平行四边形的_____表示。
10. 当刚体受到同一平面内互不平行的三个力作用而平衡时，此三力的作用线必_____。
11. 两物体之间的作用力与反作用力总是同时存在，且两力_____、_____、_____，分别作用在两个物体上。
12. 物体的受力可分为：_____和_____两类。
13. 约束对物体运动起限制作用的力称为_____。
14. 物体的一部分固嵌于另一物体所构成的约束，称为_____。
15. 力 F 使物体绕 O 点转动的效应用两者的乘积 Fd 来度量，称为力 F 对 O 点之矩，简称_____，以符号 $M_O(F)$ 表示。
16. 使物体产生逆时针方向转动的力矩为_____，反之为_____。力矩的单位为 N·m 或 kN·m。
17. 把作用在同一物体上的等值、反向、不共线的两个平行力称为_____，以符号 (F, F') 表示。
18. 力偶使物体产生转动的效应，不仅与力偶中力的大小成正比，而且还与力偶臂 d 的大小成正比。因此，用 F 与 d 的乘积来度量力偶，称为_____，并以符号 $M(F, F')$ 表示。

19. 在同一平面内，由若干个力偶所组成的力偶系称为_____。

20. 平面力偶系平衡的充分与必要条件是：力偶系中各力偶矩的代数和等于_____。

21. 平面汇交力系平衡的必要和充分条件是合力为_____。

22. 平面任意力系平衡的必要和充分条件是力系的合力和对任一点合力偶矩均为_____。

23. 如果作用在物体上各力的作用线在同一平面内，它们虽然不汇交于一点，但互相平行，则这样的力系称为_____。

24. 摩擦力的方向与相对滑动或相对滑动趋势的方向_____，静摩擦力 F' 的大小随拉力 F 的增大而_____。

25. 静滑动摩擦力的值是一个变量，随主动力的变化而变化，其值的范围是_____。

二、选择题

1. （　　）是指物体在力的作用下，其内部任意两点间的距离始终保持不变。
   A. 物体　　　　B. 运动体　　　　C. 变形体　　　　D. 刚体

2. 接触面上产生阻碍物体相对运动或相对运动趋势的力称为（　　）。
   A. 摩擦力　　　B. 重力　　　　　C. 弹力　　　　　D. 作用力

3. 以下作用力中，属于永久载荷的是（　　）。
   A. 结构自重　　B. 雪压力　　　　C. 汽车载荷　　　D. 撞击力

4. 柔性约束的约束反力，其方向沿柔体中心线，（　　）。
   A. 指向受力物体，为压力　　　　　B. 指向受力物体，为拉力
   C. 背离受力物体，为压力　　　　　D. 背离受力物体，为拉力

5. 光滑面对物体的约束反力，作用在接触点处，其方向沿接触面的公法线方向，（　　）。
   A. 指向受力物体，为压力　　　　　B. 指向受力物体，为拉力
   C. 背离受力物体，为压力　　　　　D. 背离受力物体，为拉力

6. 固定铰支座（　　）。
   A. 限制物体的移动
   B. 限制物体的转动
   C. 不仅可以限制物体的移动，而且能限制物体的转动
   D. 既不限制物体的移动，又不限制物体的转动

7. 力偶对物体的作用效应，决定于（　　）。
   A. 力偶矩的大小　　　　　　　　　B. 力偶的转向
   C. 力偶的作用平面　　　　　　　　D. 力偶矩大小、转向和作用平面

8. 力偶对坐标轴上的任意点取矩为（　　）。
   A. 力偶矩的原值　B. 随坐标变化　　C. 零　　　　　　D. 无意义

9. 物体上的力系位于同一平面内，各力既不汇交于一点，又不全部平行，称为（　　）。
   A. 平面汇交力系　B. 平面任意力系　C. 平面平行力系　D. 平面力偶系

10. 图 2-1 所示为平面汇交力系，已知合力为零，下面给出的 P_1 和 P_2 值中，正确的是（　　）。

  A．P_1=8.66 kN，P_2=13.66 kN

  B．P_1=10 kN，P_2=12 kN

  C．P_1=12.25 kN，P_2=13.66 kN

  D．P_1=12.25 kN，P_2=15 kN

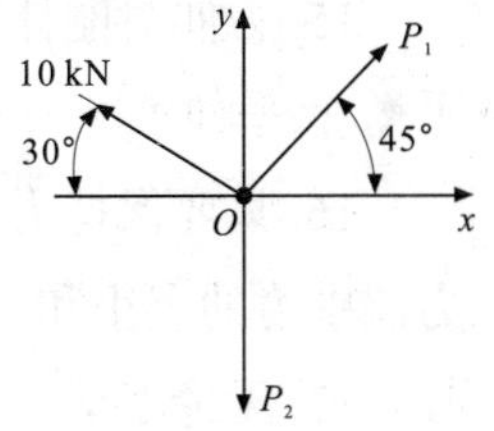

11. 平面任意力系向作用面内任意一点简化，得到的（　　）。

  A．主矢大小与简化中心有关

  B．主矢、主矩的大小均与简化中心无关

  C．主矩的大小与简化中心有关

  D．主矢、主矩的大小均与简化中心有关

图 2-1

12. 物体在一平面任意力系作用下平衡，以下的说法错误的是（　　）。

  A．平面任意力系的各分力所组成的力多边形首尾自行封闭

  B．可以列出三个独立的投影方程

  C．可以列出三个独立的方程

  D．可以任意选定力矩方程的矩心位置

13. 如图 2-2 所示，物块处于平衡状态，已知重量 W=20 N，水平推力 P=100 N，静滑动摩擦系数为 0.25，则物块受到的静摩擦力 F 为（　　）。

  A．25 N   B．20 N

  C．30 N   D．40 N

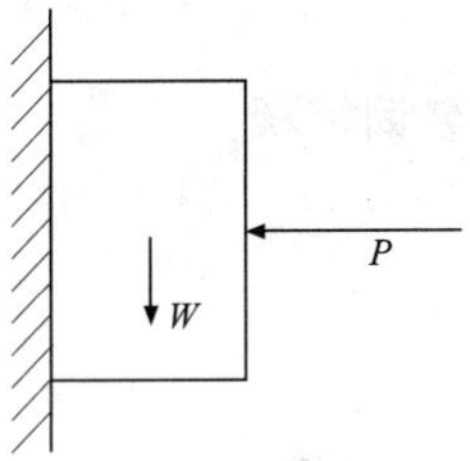

三、判断题

图 2-2

1. 二力平衡的必要和充分条件是：二力等值、反向、共线。　　　　　　　　　　（　　）

2. 合力一定大于分力。　　　　　　　　　　　　　　　　　　　　　　　　　　（　　）

3. 只受两力作用但不保持平衡的物体不是二力体。　　　　　　　　　　　　　　（　　）

4. 平面汇交力系平衡的必要和充分条件是力系的力多边形封闭。　　　　　　　　（　　）

5. 画力多边形时，变换力的次序将得到不同的结果。　　　　　　　　　　　　　（　　）

6. 力的作用点沿作用线移动后，其作用效果改变了。　　　　　　　　　　　　　（　　）

7. 力对一点之矩，会因力沿其作用线移动而改变。　　　　　　　　　　　　　　（　　）

8. 作用在物体上的力，向一指定点平行移动必须同时在物体上附加一个力偶。　　（　　）

9. 力偶可以合成为一个合力。　　　　　　　　　　　　　　　　　　　　　　　（　　）

10. 力偶在任何坐标轴上的投影代数和恒为零。　　　　　　　　　　　　　　　　（　　）

11. 力偶就是力偶矩的简称。　　　　　　　　　　　　　　　　　　　　　　　　（　　）

12. 合力偶矩等于每一个分力偶矩的矢量和。　　　　　　　　　　　　　　　　　（　　）

13. 两物体的接触面上产生的静摩擦力为一定值。　　　　　　　　　　　　　　　（　　）

14. 平面汇交力系的合力对平面内任一点之矩，等于力系中各力对该点之矩的代数和，称为

合力矩定理。( )

15. 力偶对刚体的移动不产生任何影响，力偶不能与一个力等效或平衡，力偶只能用力偶来平衡。( )

16. 只要保持力偶矩的大小和转向不变，力偶可以在其作用面内任意移转，且可以任意改变力偶中力的大小和力偶臂的长短，而不改变它对物体的转动效应。( )

17. 无论汇交力系中力的数目有多少，均可用力的多边形法则求出其合力。( )

18. 平面汇交力系合成的结果是两个合力。( )

19. 如果物体处于平衡状态，则此合力等于零；反之，物体上所受力的合力为零，则此物体处于平衡状态。( )

20. 用解析法求解平衡问题时，未知力的指向可先假设；若计算结果为正值，则表示所假设力的指向与实际相同；若为负值，则表示所假设力的指向与实际指向相反。( )

21. 静滑动摩擦力产生于欲相对滑动的两物体的接触面上，其方向与物体滑动趋势方向相反，大小随主动力的变化而变化。( )

22. 物体处于临界状态时的最大静摩擦力的值与两物体的接触面积无关，与两物体相互接触面间的法向反力 F_N 的大小成反比。( )

23. 动摩擦因数还与相对滑动速度有关，随速度的增大而略减小。( )

四、名词解释

1. 力

2. 平衡

3. 刚体

4. 约束

5. 力矩

6. 力偶

7. 平面力偶系

8. 物系

9. 滑动摩擦力

10. 摩擦锥

五、简答题

1. 什么叫二力杆?

2. 什么是自锁?

3. 何为力的平移定理?

4. 什么是力矩？力矩有何特点?

5. 分别画出如图 2-3（a）~（d）所示构件的受力图。

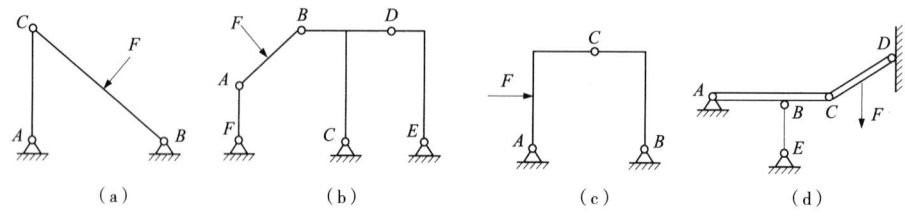

图 2-3

6. 分别画出如图 2-4（a）~（d）所示重力为 W 的构件的受力图。

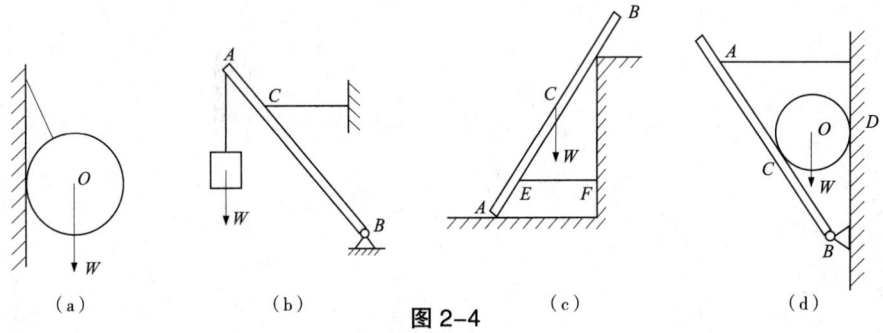

图 2-4

7. 改正图 2-5（a）、（b）、（c）所示所受重力为 G 的构件 AB 受力图中的错误（所有接触处均为光滑接触）。

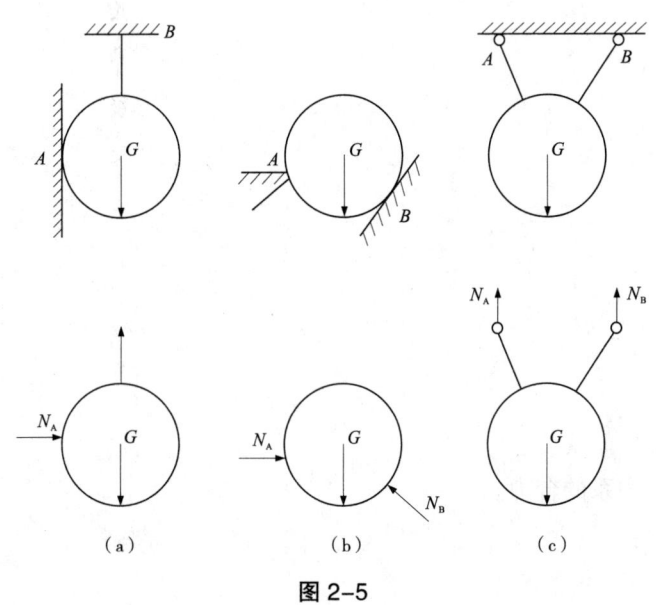

图 2-5

8. 四连杆机构在图 2-6 所示位置平衡，已知 OA=60 cm，BC=40 cm，作用在 BC 上力偶的力偶矩 M_2=1 N·m。试求作用在 OA 上力偶的力偶矩大小 M_1 和 AB 所受的力 F_{AB}，各杆重量不计。

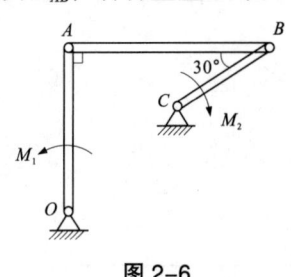

图 2-6

9. 平面任意力系平衡的充要条件是什么？

10. 平面汇交力系平衡的几何条件是什么？平面汇交力系平衡的解析条件是什么？

11. 求图 2-7 所示力系的合力。

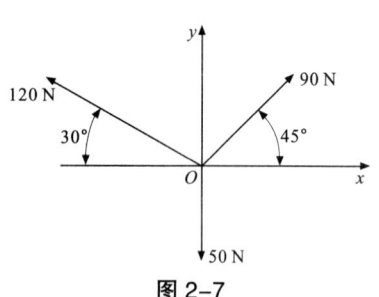

图 2-7

12. 提升机架由三根直杆铰接而成，如图 2-8 所示，若杆 AB 上提升的物体重力 P=1 000 N，略去各杆重量，试求：

（1）保持在图示位置平衡所需的铅垂力 F 的大小；

（2）保持在图示位置平衡所需的作用于 C 点的最小力的大小和方向。

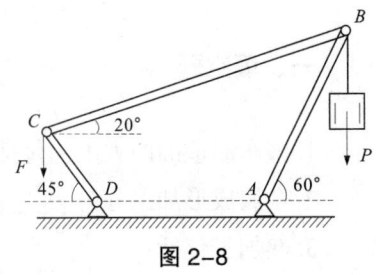

图 2-8

13. 重量 P=1 000 N，半径为 20 cm 的轮子，沿仰角为 30° 的斜面匀速向上滚动，轮心上施加一平行于斜面的力 F_N，如图 2-9 所示。设轮子和斜面间的滚动摩擦系数为 0.3，试求力 F_N 的大小。

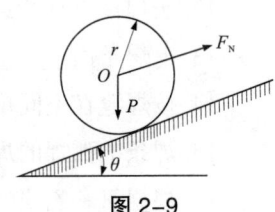

图 2-9

项目三 汽车制造工艺与选择

一、填空题

1. 整车制造的四大工艺包括：_____、_____、_____和_____。
2. 金属成形加工分为_____和_____。
3. 热加工包括：_____、_____和_____。金属成形的冷加工方法是指_____。
4. 合金的铸造性能主要有_____、_____等，这些性能对于是否容易获得优良铸件是至关重要的。
5. 按照铸型的特点，铸造工艺可分为_____和_____两大类。
6. 造型方法分为_____和_____两类。
7. 金属的_____是衡量金属材料经受压力加工时难易程度的一项工艺性能，通常用塑性和变形抗力来综合衡量。
8. 自由锻造的基本工序，包括切割、镦粗、拔长、弯曲、错移、_____和_____工艺等。
9. 板料冲压的坯料通常都是厚度在 1~2 mm 以下的金属板料，而且冲压时一般不需加热，故称为_____。
10. 按板料的变形方式不同，可将冲压基本工序分为_____和_____两类。
11. 冲模按工序内容不同可分为_____、_____、_____和_____等。
12. 按焊接过程特点其可分为_____、_____和_____。
13. 电焊条由_____和_____两部分组成。
14. 按焊缝在空间位置的不同，其可分为_____、_____、_____和_____四种。
15. 焊条电弧焊的焊接参数包括_____、_____、_____及_____等。
16. 根据氧和乙炔的混合比值不同，可将氧乙炔焰分为_____、_____和_____三种。
17. 按用途的不同，电焊条分为_____焊条、_____焊条、_____焊条等。
18. 按切削时工件和刀具相对运动所起的作用不同，其可分为_____和_____。
19. 切削用量三要素包括_____、_____和_____。
20. 外圆车刀分为_____和_____两部分。
21. 刀具切削时的工作条件是：_____、_____和_____。
22. 常用的刀具材料有_____、_____、_____和_____。
23. 切削过程有_____、_____和_____三个阶段。
24. 常见的切屑种类大致有_____、_____、_____和_____四种。
25. 切削液有_____、_____和_____三类。

26. 切削加工方法有_____、_____、_____、刨削、插削、拉削、铣削和磨削等。
27. 钻削加工包括：_____、_____和_____。
28. 用砂轮或其他磨具加工工件表面的工艺过程，称为_____。
29. 材料的_____是指机械零件或构件在正常工作情况下材料应具备的性能。
30. 材料_____是指材料适应某种加工的性能。
31. 材料和成形工艺的选择主要遵循以下原则：_____、_____和_____。

二、选择题

1. 影响流动性的主要因素是合金的化学成分和（　　）。
   A. 铸件结构　　　B. 铸型条件　　　C. 浇注温度　　　D. 浇注时间
2. 金属的化学成分，浇注温度，铸件结构和铸型条件影响铸件的（　　）。
   A. 流动性　　　B. 收缩性　　　C. 稳定性　　　D. 抗氧化性
3. 世界各国用（　　）铸造生产的铸件约占铸件总产量的80%以上。
   A. 型砂　　　B. 熔模　　　C. 压力　　　D. 离心
4. 能锻造形状复杂的锻件的锻造方法为（　　）。
   A. 自由锻造　　　B. 板料冲压　　　C. 模型锻造　　　D. 金属锻造
5. 在自由锻造中，广泛用于轴类、杆类锻件的生产，还可以用来改善锻件内部质量的工艺是（　　）。
   A. 拔长　　　B. 镦粗　　　C. 冲压　　　D. 弯曲
6. （　　）适用于大批量生产，在汽车、拖拉机、电机电器、仪表、国防工业及日常生产中都得到广泛应用。
   A. 自由锻造　　　B. 板料冲压　　　C. 模型锻造　　　D. 金属锻造
7. 焊条直径主要根据（　　）来选择。
   A. 焊件材料　　　B. 焊接形状　　　C. 焊接电流　　　D. 焊件厚度
8. 气焊用的气体为纯度不低于98.5%的氧气。燃料为乙炔或氢、煤气、液化石油气等，其中用得最多的是（　　）。
   A. 氢　　　B. 煤气　　　C. 液化石油气　　　D. 乙炔
9. 用于含碳量较高的高碳钢、铸铁、硬质合金及高速钢的焊接的是（　　）。
   A. 中性焰　　　B. 高性焰　　　C. 氧化焰　　　D. 碳化焰
10. 车削加工的主运动是（　　）。
    A. 车刀的纵向运动　　　　　　　B. 车刀的横向运动
    C. 工件的直线运动　　　　　　　D. 工件的旋转运动
11. 车削加工的进给运动是（　　）。
    A. 车刀的纵向运动　　　　　　　B. 车刀的横向运动
    C. 工件的直线运动　　　　　　　D. 工件的旋转运动

12. 钻削加工的主运动是（　　）。
    A．刀具的纵向运动　　　　　　　　　B．刀具的横向运动
    C．刀具的直线运动　　　　　　　　　D．刀具的旋转运动
13. 钻削加工的进给运动是（　　）。
    A．刀具的轴向运动　　　　　　　　　B．刀具的径向运动
    C．刀具的直线运动　　　　　　　　　D．刀具的旋转运动
14. 钻床的主要参数是孔加工的（　　）。
    A．最大深度　　　B．最大直径　　　C．最小深度　　　D．最小直径
15. 镗削加工的主运动是（　　）。
    A．刀具的纵向运动　　　　　　　　　B．刀具的横向运动
    C．刀具的直线运动　　　　　　　　　D．刀具的旋转运动
16. 磨削加工的主运动是（　　）。
    A．工件的纵向运动　　　　　　　　　B．工件的横向运动
    C．砂轮的直线运动　　　　　　　　　D．砂轮的旋转运动
17. 在满足零件使用性能的前提下，尽量优先选用价廉的材料，能用（　　）。
    A．硅锰钢　　　　B．铬镍钢　　　　C．合金钢　　　　D．碳素钢
18. 下列属于断裂失效的是（　　）。
    A．磨损　　　　　B．疲劳破坏　　　C．塑性变形　　　D．高温蠕变

三、判断题

1. 铸造加工最适于加工形状复杂的零件。（　）
2. 在铸造生产中，砂型铸造是应用最广泛的一种方法。（　）
3. 收缩率大，易造成缩孔、缩松等铸造缺陷，还容易在铸件中产生大的内应力，使铸件变形以致形成裂纹，同时不易获得尺寸准确的铸件。（　）
4. 锻模的模具成本低，而且加工工艺简单，生产周期短。（　）
5. 模锻只适用于中、小型锻件的大批量生产。（　）
6. 复合模是在一次行程中，在同一个位置上可以完成三个以上的工序。（　）
7. 复合模和连续模的生产率均比简单模高。（　）
8. 焊接工艺中，以熔焊应用最为广泛，其中尤以电弧焊的应用最为普遍。（　）
9. 焊条电弧焊设备简单，使用灵活、方便，适用于任意空间位置、不同接头形式的焊缝均能焊接，且能焊接各种金属材料。（　）
10. 焊接电流主要根据焊条直径选取。（　）
11. 若焊接电流过大，则电弧不稳定，易造成焊不透和生产率低。（　）
12. 焊接速度是指焊条沿焊接方向移动的速度。（　）
13. 进给运动可以是连续的，也可以是间歇的。（　）

14. 合理选用切削液，可以减少切削时的摩擦，降低切削温度，减小刀具磨损，从而提高加工表面质量和生产率。（   ）

15. 可采用较小的切削用量，使生产率大幅度提高。（   ）

16. 台钻比立钻刚性好、功率大，适于单件、小批生产中加工中、小型工件。（   ）

17. 工件的移动和转动为进给运动。（   ）

18. 若零件的接触应力较高，如齿轮和滚动轴承，则应选用可进行表面强化的材料。（   ）

19. 对于大尺寸零件，用棒料的切削加工可能是经济的，而小尺寸零件往往采用热加工成形。（   ）

四、名词解释

1. 收缩

2. 砂型铸造

3. 模锻

4. 板料冲压

5. 焊接

6. 气焊

7. 切削运动

8. 进给量

9. 失效

五、简答题

1. 什么是铸造？有何特点？

2. 砂型铸造的生产过程是什么？

3. 影响金属可锻性的因素有哪些?

4. 叙述自由锻造的特点和应用。

5. 板料冲压具有什么特点?

6. 焊接具有什么特点?

7. 电焊条的组成及各组成部分有什么作用？

8. 刀具材料应具备哪些性能？

9. 车削加工的范围是什么？

10. 简述车刀的分类。

11. 简述车削加工的工艺特点。

12. 简述磨削加工的特点。

13. 零件失效有哪几种情况?

14. 简述零件的失效形式。

15. 材料工艺性能主要包括哪些方面?

项目四 机械加工工艺与装配

一、填空题

1. 零件的机械加工工艺过程可由若干个顺序排列的_____组成。
2. 工件经一次装夹所完成的那部分工序称为_____。
3. 生产纲领是指企业在计划期内应当生产的_____和_____。
4. 根据产品的尺寸大小和特征、生产纲领、批量及投入生产的连续性，机械制造业的生产类型分为_____、_____和_____三种。
5. 零件的结构工艺性是指制造的_____和_____。
6. 制定工艺规程的原则是_____、_____、_____，同时应有良好而安全的劳动条件。
7. 零件上精度和表面质量要求最高的表面，称为_____；其他的称为_____。
8. _____是组成机器的基本单元，由整块金属或其他材料组成。
9. 产品的装配精度包括：_____、_____、_____和_____。
10. 装配工作的基本内容包括：_____、_____、_____、_____、_____平衡、验收和试验。
11. 装配方法有_____和_____。

二、选择题

1. 焊条直径主要根据（　　）来选择。
   A．焊件材料　　　　　　　　B．焊接形状
   C．焊接电流　　　　　　　　D．焊件厚度
2. 有相对运动的零部件间在运动方向和相对运动速度上的精度是（　　）。
   A．位置精度　　　　　　　　B．运动精度
   C．配合精度　　　　　　　　D．接触精度
3. 配合表面之间的接触面积和接触点的分布是否达到要求由下列哪项来表示（　　）。
   A．位置精度　　　　　　　　B．运动精度
   C．配合精度　　　　　　　　D．接触精度
4. 下列不是装配过程中常用清洗液的是（　　）。

A．煤油　　　　　B．汽油　　　　　C．纯净水　　　　　D．碱液

三、判断题

1. 大批大量生产一般采用先进、高效、专用和投资大的设备和工艺装备，按流水线和自动线排列设备；毛坯采用精度低的锻、铸件。（　　）
2. 单件、小批生产则主要使用通用的设备和工艺装备。（　　）
3. 制定工艺规程的原则是优质、高产、低成本，同时应有良好而安全的劳动条件。（　　）
4. 半精加工阶段的主要任务是为零件主要表面的精加工做好准备。（　　）
5. 大批生产遵循工序集中原则，以便简化生产组织工作。（　　）
6. 以提高零件硬度和耐磨性为目的的最终热处理如淬火等，其工序位置一般在精加工前。（　　）
7. 调质只能作为最终热处理。（　　）
8. 分组装配法用于装配精度要求很高的场合，如内燃机、轴承等生产中。（　　）

四、名词解释

1. 生产过程

2. 工序

3. 组件

4. 装配

5. 校正

五、简答题

1. 加工包括哪几个阶段？各阶段的主要任务是什么？

2. 如何安排机械加工工序？

3. 互换法装配的概念和特点各是什么？

项目五 平面机构的运动简图及自由度

一、填空题

1. 两构件通过面接触组成的运动副称为_____。
2. 运动副是两构件间既保持_____又有相对运动的_____。平面连杆机构中的运动副分为_____和_____两种。

二、选择题

1. 组成运动副的两构件只能绕某一轴线在一个平面内做相对转动的运动副称为（　　）。
   A. 移动副　　　　B. 转动副　　　　C. 高副　　　　D. 低副
2. 组成运动副的两构件只能沿某一方向做相对直线运动的运动副称为（　　）。
   A. 移动副　　　　B. 转动副　　　　C. 高副　　　　D. 低副

三、判断题

1. 两构件通过面接触组成的运动副称为低副。　　　　　　　　　　　　（　　）
2. 组成移动副的两个构件只能沿某一方向转动。　　　　　　　　　　　（　　）

四、名词解释

1. 构件的自由度

2. 运动副

3. 低副

4. 高副

5. 运动链

五、简答题

1. 什么是运动副？平面运动副有哪些？

2. 平面低副和平面高副各引入几个约束？

3. 机构运动简图有什么作用？

4. 试写出平面机构自由度的计算公式。计算自由度应注意哪些问题？

5. 机构具有确定相对运动的条件是什么？

6. 绘制图 5-1 所示机构的机构运动简图，并计算其自由度。

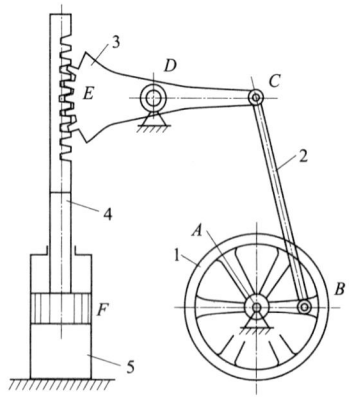

图 5-1

7. 计算图 5-2 所示机构的自由度，并判定它们是否具有确定的相对运动。

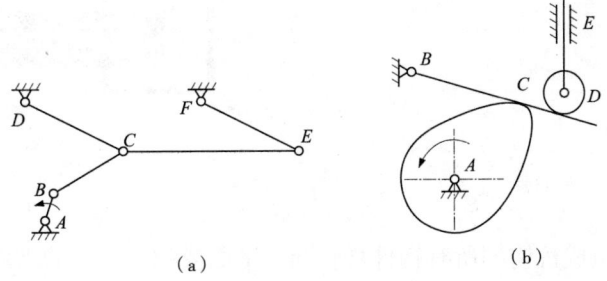

（a）　　　　　　　　　（b）

图 5-2

8. 简述绘制平面机构运动简图的步骤。

项目六 平面连杆机构

一、填空题

1. _____是指组成机构的所有构件均在同一平面或相互平行的平面内运动的机构。
2. 除主动件以外的全部活动构件称为_____。
3. 由_____个构件通过_____连接而成的机构，称为铰链四杆机构。在铰链四杆机构中，固定不动的杆件称为_____，与机架用转动副相连接的杆件称为_____，不与机架直接连接的杆件称为_____。
4. 铰链四杆机构按曲柄存在的情况，分为_____、_____和_____三种基本形式。
5. 在曲柄摇杆机构中，如果将_____杆作为机架，则与机架相连的两杆都可以作为_____运动，即得到双曲柄机构。
6. 曲柄摇杆机构能将曲柄的_____运动转换为摇杆的_____。
7. 曲柄摇杆机构中，以曲柄为主动件，从动摇杆处于两极限位置时，_____之间所夹的锐角θ称为极位夹角。
8. 在实际生产中，常常利用急回运动特性来缩短_____时间，从而提高_____。
9. 通常用快速行程的平均角速度与慢速行程的平均角速度的比值来衡量急回运动的相对程度，称为_____或_____，用符号_____表示。
10. 在连杆机构中，常用_____或_____的大小来衡量机构传力性能的优劣。

二、选择题

1. 机构中的固定构件称为（　　）。
   A．机架　　　　　B．主动件　　　　C．从动件　　　　D．连架杆
2. 在铰链四杆机构中的两连架杆，如果一个为曲柄，另一个为摇杆，那么该机构就称为（　　）。
   A．曲柄滑块机构　B．双摇杆机构　　C．双曲柄机构　　D．曲柄摇杆机构
3. 在曲柄滑块机构中，如果将滑块作为机架，则演化为（　　）。
   A．摇块机构　　　B．曲柄滑块机构　C．曲柄连杆机构　D．定块机构
4. 在铰链四杆机构中的两连架杆都为曲柄，那么该机构就称为（　　）。
   A．曲柄滑块机构　B．双摇杆机构　　C．双曲柄机构　　D．曲柄摇杆机构
5. 在曲柄滑块机构中，如果将滑块作为连杆，则演化为（　　）。

A. 摇块机构　　　　　B. 曲柄滑块机构　　　C. 曲柄连杆机构　　　D. 导杆机构

6. 下列（　　）不是铰链四杆机构的演化形式。

A. 曲柄摇杆机构　　　B. 曲柄滑块机构　　　C. 定块机构　　　　　D. 摇块机构

7. 发动机中，曲柄和连杆所组成的是（　　）。

A. 曲柄摇杆机构　　　B. 双曲柄机构　　　　C. 双摇杆机构　　　　D. 曲柄滑块机构

8. 牛头刨床的主运动机构是应用了四杆机构中的（　　）。

A. 转动导杆机构　　　B. 摆动导杆机构　　　C. 曲柄摇块机构　　　D. 双曲柄机构

9. 自卸汽车卸料机构是应用了四杆机构中的（　　）。

A. 曲柄摇杆机构　　　B. 曲柄滑块机构　　　C. 曲柄摇块机构　　　D. 双曲柄机构

10. 机构有无急回特性取决于（　　）。

A. 摆角　　　　　　　B. 极位夹角　　　　　C. 平均角速度　　　　D. 时间长短

11. 压力角 α 越大，径向压力即有害分力（　　）。

A. 越大　　　　　　　　　　　　　　　　　B. 越小

C. 与压力角无关　　　　　　　　　　　　　D. 与压力角有关

12. 曲柄摇杆机构中，以曲柄为主动件时，死点位置为（　　）。

A. 曲柄与连杆共线时　　　　　　　　　　　B. 摇杆与连杆共线时

C. 不存在　　　　　　　　　　　　　　　　D. 曲柄与摇杆共线时

13. 为了使机构能够顺利通过死点位置继续正常运转，不可以采用的办法有（　　）。

A. 机构错位排列　　　　　　　　　　　　　B. 增大惯性

C. 增大极位夹角　　　　　　　　　　　　　D. 减小极位夹角

三、判断题

1. 若以最短杆的相邻杆为机架，则最短杆为曲柄，若与机架相连的另一杆为摇杆，则该机构为曲柄摇杆机构。（　　）
2. 机构中瞬时输出速度与输入速度比值为零的位置称为连杆机构的极限位置。（　　）
3. 平面机构是指组成机构的所有构件必须在同一平面内运动的机构。（　　）
4. 除主动件以外的全部活动构件称为从动件。（　　）
5. 凡是四个构件联结成一个平面，即称为平面四杆机构。（　　）
6. 四个构件用铰链连接组成的机构叫曲柄摇杆机构。（　　）
7. 曲柄摇杆机构只能将回转运动转换为往复摆动。（　　）
8. 牛头刨床滑枕的往复运动是由导杆机构来实现的。（　　）
9. 反平行四边形机构可应用于车门启闭机构。（　　）
10. 曲柄的极位夹角 θ 越大，机构的急回特性也越显著。（　　）
11. 在实际生产中，由于机构的"死点"位置对工作都是不利的，因此要处处考虑克服。（　　）
12. 在曲柄摇杆机构中，当曲柄为主动件时，会出现死点位置。（　　）

四、名词解释

1. 平面连杆机构

2. 四杆机构

3. 铰链四杆机构

4. 曲柄摇杆机构

5. 双曲柄机构

6. 双摇杆机构

7. 急回特性

8. 压力角

9. 死点位置

五、简答题

1. 连杆机构为什么又称低副机构？它有哪些特点？

2. 铰链四杆机构有几种类型？它们各有何区别？

3. 铰链四杆机构有哪些特点？

4. 何谓曲柄？在铰链四杆机构中，曲柄存在的条件是什么？

5. 哪些机构是由铰链四杆机构演化而来的？

6. 什么是机构的急回特性？在生产中怎样利用这种特性？

7. 何谓连杆机构的压力角和传动角？它们的大小对连杆机构的工作有何影响？

8. 何谓连杆机构的死点？是否所有四杆机构都存在死点？用什么方法可以使机构通过死点位置？

9. 试根据图 6-1 中注明的尺寸判断下列铰链四杆机构是曲柄摇杆机构、双曲柄机构，还是双摇杆机构？

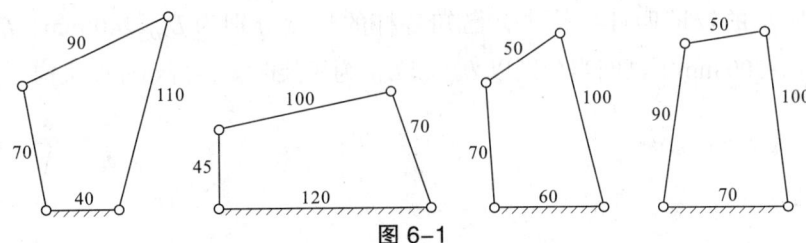

图 6-1

10. 图 6-2 所示铰链四杆机构中，已知各构件长度：L_{AB}=55 mm，L_{BC}=40 mm，L_{CD}=50 mm，L_{AD}=25 mm。试问：

（1）哪个构件固定可获得曲柄摇杆机构？
（2）哪个构件固定可获得双曲柄机构？
（3）哪个构件固定可获得双摇杆机构？

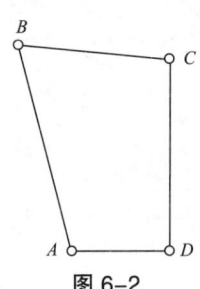

图 6-2

11. 在图 6-3 所示的铰链四杆机构中，已知 $L_{BC}=50$ mm，$L_{CD}=35$ mm，$L_{AD}=30$ mm，AD
（1）如果能成为曲柄摇杆机构，且 AB 是曲柄，求 L_{AB} 的极限值。
（2）如果能成为双曲柄机构，求 L_{AB} 的取值范围。
（3）如果能成为双摇杆机构，求 L_{AB} 的取值范围。

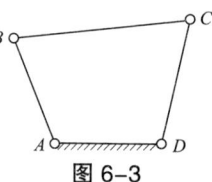

图 6-3

12. 图 6-4 所示的铰链四杆机构中，已知各杆的长度分别为 $L_{AD}=240$ mm，$L_{AB}=600$ mm，$L_{BC}=400$ mm，$L_{CD}=500$ mm，试问当分别以 L_{BC} 和 L_{AD} 为机架时，各得到什么机构？

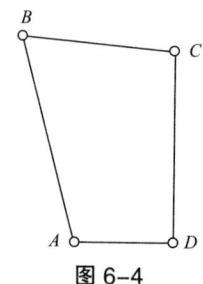

图 6-4

13. 图 6-5 所示为曲柄摇杆机构，做出该机构的极位夹角 θ，标出摆角 ψ。

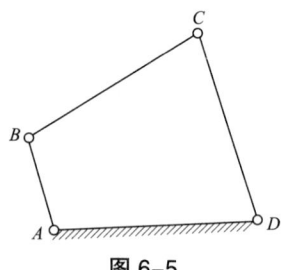

图 6-5

14. 根据图示 6-6 尺寸和机架判断铰链四杆机构的类型。

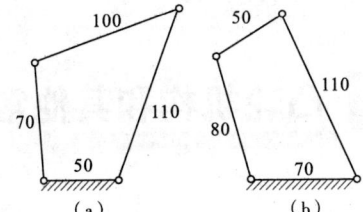 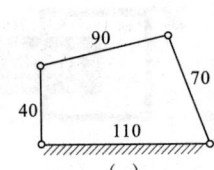 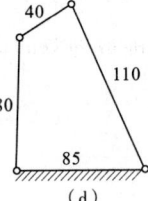

图 6-6

（a）是_____双曲柄_____机构；　　（b）是_____双摇杆_____机构；
（c）是_____曲柄摇杆_____机构；　　（d）是_____双摇杆_____机构。

项目七 凸轮机构和其他常用机构

一、填空题

1. 凸轮机构由_____、_____和_____三个基本件组成，其中_____在凸轮机构中一般为主动件。
2. 按从动件的运动方式不同凸轮机构分为_____机构和_____机构。
3. 以凸轮的_____为半径所作的圆称为基圆。
4. 设计凸轮轮廓线时，通常采用_____法。
5. 凸轮从动件的运动规律常用的有_____运动规律、_____运动规律、_____运动规律和_____运动规律。

二、选择题

1. 凸轮相对机架做直线运动，这种凸轮称为（　　）。
   A. 球面凸轮　　　　B. 圆柱凸轮　　　　C. 盘形凸轮　　　　D. 移动凸轮
2. 当凸轮以等角速度转动时，从动件在推程和回程的速度为常数，这种运动规律叫作（　　）运动规律。
   A. 等速　　　　B. 等加速等减速　　　　C. 余弦　　　　D. 正弦
3. 凸轮机构从动件的端部形式没有（　　）。
   A. 尖端式　　　　B. 直动式　　　　C. 平底式　　　　D. 滚子式
4. 因为与凸轮接触面较大，易于形成油膜，所以润滑较好，磨损较小的是（　　）。
   A. 尖端式从动件　　B. 直动式从动件　　C. 平底式从动件　　D. 滚子式从动件
5. 凸轮结构从动件的运动规律是由（　　）决定的。
   A. 凸轮转速　　　B. 凸轮轮廓曲线　　　C. 凸轮形状　　　D. 凸轮基圆半径
6. 下列凸轮机构中，从动件运动规律的选择受限制的是（　　）。
   A. 槽凸轮机构　　　　　　　　　　B. 力封闭凸轮机构
   C. 等宽、等径凸轮机构　　　　　　D. 共轭凸轮机构
7. 下列从动件运动规律属于刚性冲击的是（　　）。
   A. 等速运动规律　　　　　　　　　B. 等加速等减速运动规律
   C. 简谐运动规律　　　　　　　　　D. 摆线运动规律

三、判断题

1. 凸轮机构是高副机构。（   ）
2. 由于尖端式从动件与凸轮接触摩擦力较小，故可用来传递较大的动力。（   ）
3. 凸轮机构就是将凸轮的旋转运动转变为从动件的往复直线运动。（   ）
4. 平底从动件适用于任何轮廓廓形的高速凸轮机构。（   ）
5. 凸轮从动件运动轨迹可以是直线，也可以是弧线。（   ）
6. 当盘形凸轮的回转中心趋于无穷远时，凸轮相对机架做直线运动，这种凸轮称为圆柱凸轮。（   ）
7. 凸轮轮廓的设计方法有图解法和解析法两种。（   ）
8. 凸轮与滚子常用的材料有45、18CrMnTi 或 T10 等并经表面淬火处理。（   ）

四、名词解释

凸轮机构

五、简答题

1. 凸轮机构有哪些特点及适用场合？

2. 凸轮机构是如何分类的？

3. 在凸轮机构中，常用从动件的运动规律有几种？各有什么特点？

4. 试比较尖端、滚子、平底从动件的优缺点。

项目八　汽车常用连接

一、填空题

1. 平键连接工作时，是靠_____和_____侧面的挤压传递转矩的。
2. 机械静连接又可以分为_____连接和_____连接，其中键连接、螺纹连接、销连接属于_____。
3. 螺纹连接防松的目的是防止_____，按工作原理的不同有三种防松方式：_____、_____和_____。
4. 平键的工作面是键的_____。
5. 楔键的工作面是键的_____。
6. 花键连接按照齿形不同分为_____、_____和_____。
7. _____是指螺纹相邻两个牙型上对应点间的轴向距离。

二、选择题

1. 键连接的主要用途是使轮与轮毂之间（　　）。
   A. 沿轴向固定并传递轴向力　　　　B. 沿轴向相对滑动并具有导向性
   C. 沿周向固定并传递扭矩　　　　　D. 安装拆卸方便
2. 采用螺纹连接时，若被连接件总厚度较大，且材料较软，则在需要经常拆装的情况下宜采用（　　）。
   A. 螺栓连接　　　　　　　　　　　B. 双头螺柱连接
   C. 螺钉连接　　　　　　　　　　　D. 大直径螺栓连接
3. 齿轮减速器的箱体与箱盖用螺纹连接，箱体被连接处的厚度不太大，且需经常拆装，一般宜选用什么连接？（　　）
   A. 螺栓连接　　　　　　　　　　　B. 螺钉连接
   C. 双头螺柱连接　　　　　　　　　D. 大直径螺栓连接
4. 在螺栓连接中，有时在一个螺栓上采用双螺母，其目的是（　　）。
   A. 提高强度　　　　　　　　　　　B. 提高刚度
   C. 防松　　　　　　　　　　　　　D. 减小每圈螺纹牙上的受力
5. 普通螺纹的公称直径是指（　　）。
   A. 大径　　　　B. 小径　　　　C. 中径　　　　D. 顶径

6.对于变速箱,要求滑动齿轮能在轴上有一定移动范围,轮与轴宜选用(　　)。

  A．普通平键连接　　　　　　　　B．导向键连接

  C．半圆键连接　　　　　　　　　D．钩头楔键

三、判断题

1. 普通平键连接是依靠键的上下两面的摩擦力来传递扭矩的。　　　　　　　　（　　）
2. 螺纹连接是可拆连接。　　　　　　　　　　　　　　　　　　　　　　　　（　　）
3. 普通三角螺纹的牙型角是 55°。　　　　　　　　　　　　　　　　　　　　（　　）
4. 在平键连接中,平键的两侧面是工作面。　　　　　　　　　　　　　　　　（　　）
5. 平键是靠键的上下面两面与键槽间的摩擦力来传递载荷的。　　　　　　　　（　　）
6. 键是标准件。　　　　　　　　　　　　　　　　　　　　　　　　　　　　（　　）

四、简答题

1. 说明图 8-1 所示连接属于哪种连接方式。

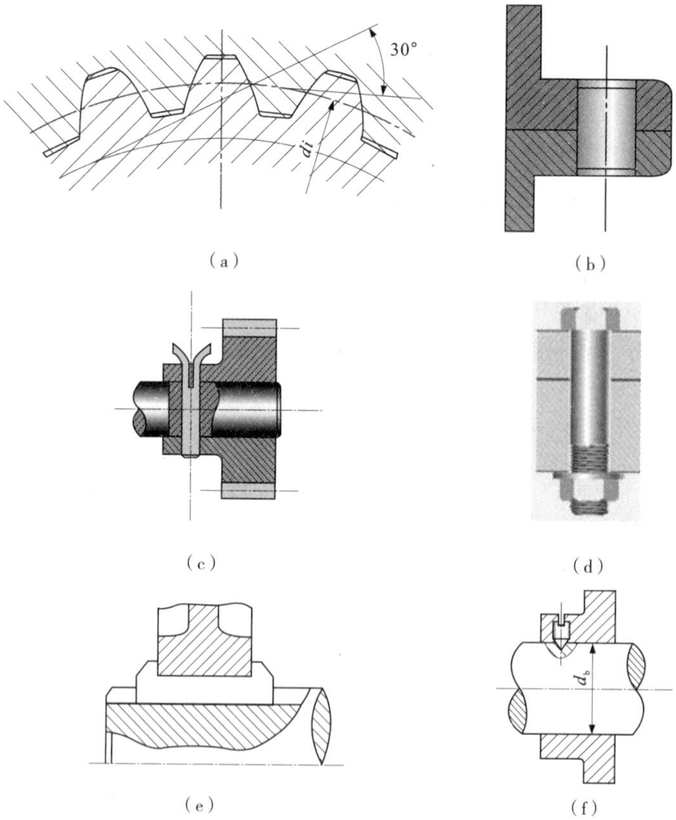

图 8-1

（a）_____；（b）_____；（c）_____；

（d）_____；（e）_____；（f）_____。

项目九　带传动和链传动

一、填空题

1. 带传动一般由_____、_____和_____组成。
2. 摩擦型带传动按截面形状可分为_____传动、_____传动、_____传动和_____传动。
3. 链传动一般由_____、_____和_____组成。
4. 普通 V 带轮由_____、_____和_____三部分组成。
5. 常见的张紧方法有：_____张紧方法、_____张紧方法和_____张紧方法。
6. 带传动是以带和带轮轮缘接触面间产生的_____力来传递运动和动力的。
7. 当普通 V 带传动中心距不能调整时，可采用_____定期将传动带张紧。
8. 从 V 带的截面看，V 带由_____、_____和_____三部分组成，其中_____是承受负载拉力的主体。
9. 安装时带的松紧要适度，通常以大拇指能按下_____左右为宜。
10. 链传动是具有中间挠性件的_____传动。
11. 按照链条的结构不同，传递动力的链条主要有_____和_____两种，其中_____的应用比较广泛。

二、选择题

1. 当带弯曲时长度和宽度均不变的中性层称为（　　）。
   A. 节宽　　　　　　　　　　B. 节面
   C. 节距　　　　　　　　　　D. 节长
2. V 带轮轮槽基准宽度所在的圆的直径称为（　　）。
   A. 基准直径　　　　　　　　B. 顶圆直径
   C. 根圆直径　　　　　　　　D. 分度圆直径
3. 由外链板、内链板、滚子、套筒和销轴组成的是（　　）。
   A. 起重链　　　　　　　　　B. 曳引链
   C. 齿形链　　　　　　　　　D. 滚子链
4. 小直径 V 带轮的结构采用（　　）。
   A. 实心带轮　　　　　　　　B. 腹板带轮
   C. 孔板带轮　　　　　　　　D. 椭圆轮辐

5. 链传动的倾斜布置是：当水平布置无法实现时，倾斜布置应使斜角 φ 小于（　　）。

   A．45°　　　　　　B．50°　　　　　　C．60°　　　　　　D．75°

6. 下列（　　）不是链传动的布置形式。

   A．水平布置　　　　B．倾斜布置　　　　C．垂直布置　　　　D．平行布置

7. 下列（　　）不是摩擦带传动。

   A．平带　　　　　　B．同步带　　　　　C．圆形带　　　　　D．V 带

8. 凸轮常用的材料是（　　）。

   A．45 铁　　　　　 B．铸铁　　　　　　C．铝合金　　　　　D．铜合金

9. 直径大于 350 mm 的 V 带轮结构采用（　　）。

   A．实心带轮　　　　B．腹板带轮　　　　C．孔板带轮　　　　D．椭圆轮辐

10. 带传动中，利用调整螺钉定期调整两带轮中心距的张紧方法是（　　）。

    A．重力张紧　　　　B．定期张紧　　　　C．弹簧张紧　　　　D．托架张紧

11. 关于带传动的使用特点下列说法错误的是（　　）。

    A．能保证恒定的传动比　　　　　　　　B．传动平稳，噪声小

    C．适用于两轴中心距较大的场合　　　　D．过载时打滑，可防止损坏零件

12. 在下图中，（　　）所示是 V 带在轮槽中的正确安装位置。

13. 在带传动中，当传递的功率一定时，若带速降低，则传递的圆周力（　　），容易发生打滑。

    A．减小　　　　　　B．明显地减小　　　C．增大　　　　　　D．不变

14. 普通 V 带轮的材料通常是根据（　　）来选择的。

    A．功率　　　　　　B．带速　　　　　　C．圆周力　　　　　D．带轮直径

15. 带速合理的范围通常控制在（　　）。

    A．5~25 m/s　　　　B．12~15 m/s　　　 C．15~50 m/s　　　 D．100~150 m/s

16. 滚子链的链节距越大，链条的承载能力（　　）。

    A．越大　　　　　　B．越小　　　　　　C．不变　　　　　　D．没关系

17. 套筒滚子链由内链板、外链板、销轴、套筒及滚子组成。其中属于过盈配合连接的是（　　）。

    A．销轴与套筒　　　B．内链板与销轴　　C．外链板与销轴　　D．滚子与套筒

三、判断题

1. 带传动都是依靠传动带与带轮的相互摩擦来传递运动和动力的。　　　　　　　　（　　）

2. 链传动是依靠链条与链轮的相互摩擦来传递运动和动力的。（   ）
3. 金属带轮和链轮只有进行渗碳、淬火热处理才能耐磨。（   ）
4. 普通V带按横截面的尺寸分为Y、Z、A、B、C、D、E 7种型号，但Y型的横截面尺寸最大，E型的横截面尺寸最小。（   ）
5. 链节距越大，其承载能力越大，但结构尺寸也越大。（   ）
6. 带传动一般由主动带轮和从动带轮组成。（   ）
7. 摩擦型带传动按截面形状可分为平带传动、V带传动、多楔带传动和同步带传动。（   ）
8. 链传动一般由主动链轮、从动链轮和链条组成。（   ）
9. 普通V带轮由轮缘、轮毂和轮辐三部分组成。（   ）
10. 常见的张紧方法有：自动张紧方法、定期张紧方法和张紧轮张紧方法。（   ）
11. 普通V带的截面形状是三角形，两侧面夹角 $\alpha=40°$。（   ）
12. 普通V带的传动能力比平带的传动能力强。（   ）
13. 因为链传动是一种啮合传动，所以它的瞬时传动比恒定。（   ）
14. 在单排滚子链承载能力不够或选用的节距不能太大时，可采用小节距的双排滚子链。（   ）
15. 链轮齿数越少，传动越不平稳，冲击、振动加剧。（   ）

四、名词解释

带传动

五、简答题

1. 带传动有哪几种类型？

2. 简述带传动的组成。

3. 简述带传动的特点。

4. 简述应用带传动的条件。

5. 简述普通 V 带的结构。

6. 普通 V 带有哪几个型号?

7. 选择带轮材料的依据是什么?

8. 安装传动带时,为什么要张紧?

9. 张紧方法有哪些?

10. 简述带传动的失效形式。

11.V带传动如何安装和维护?

12.链传动有哪几种类型?

13.简述链传动的特点。

14. 简述滚子链的结构。

15. 简述链传动的主要失效形式。

项目十 齿轮传动

一、填空题

1. 生产上对齿轮传动的基本要求是_____。
2. 按标准中心距安装的渐开线直齿圆柱标准齿轮，节圆与_____重合，啮合角在数值上等于_____上的压力角。
3. 一对标准渐开线直齿圆柱齿轮要正确啮合，它们的_____和_____都必须相等。
4. 渐开线上离基圆越远的点，其压力角_____。
5. 一对渐开线圆柱齿轮传动，其_____总是相切并做纯滚动。
6. 斜齿圆柱齿轮的标准模数是_____；直齿圆锥齿轮的标准模数是_____。
7. 一对标准外啮合斜齿圆柱齿轮的正确啮合条件是_____。
8. 齿轮传动的主要失效形式为_____、_____、_____、_____和_____。
9. 齿轮机构用于传递_____的运动和动力，是应用最广的传动机构。
10. 一般闭式齿轮传动中的失效形式是_____。
11. 渐开线齿廓形状取决于_____直径大小。
12. 齿轮啮合：当主动齿轮的_____推动从动齿轮的_____时，一对轮齿开始进入啮合，所以开始啮合点应为从动轮_____与啮合线的交点；当主动齿轮的_____推动从动齿轮的_____时，两轮齿即将脱离啮合，所以终止啮合点为主动轮_____与啮合线的交点。
13. 一齿轮传动，主动轮齿数 Z_1=32，从动轮齿数 Z_2=80，则传动比 i=_____。若主动轮转速 n_1=1 200 r/min，则从动轮转速 n_2=_____。

二、选择题

1. 齿轮渐开线的形状取决于（　　）。
   A. 齿顶圆半径的大小　　　　B. 基圆半径的大小
   C. 分度圆半径的大小　　　　D. 压力角的大小
2. 对一个齿轮来说，（　　）不存在。
   A. 基圆　　　B. 分度圆　　　C. 齿根圆　　　D. 节圆
3. 高速重载齿轮传动，当润滑不良时，最可能出现的失效形式是（　　）。
   A. 齿面胶合　　　B. 齿面疲劳点蚀　　　C. 齿面磨损　　　D. 轮齿疲劳折断
4. 齿轮传动中，轮齿的齿面疲劳点蚀，通常首先发生在（　　）。

A. 齿顶部分 　　　　　　　　　　　　B. 靠近节线的齿顶部分
C. 齿根部分 　　　　　　　　　　　　D. 靠近节线的齿根部分

5. 渐开线齿轮实现连续传动时，其重合度为（　　）。
　A. $\varepsilon < 0$　　　B. $\varepsilon = 0$　　　C. $\varepsilon < 1$　　　D. $\varepsilon \geq 1$

6. 关于啮合角，下列说法正确的是（　　）。
　A. 一个标准齿轮的啮合角即为标准压力角
　B. 啮合角大于或等于标准压力角
　C. 啮合角是啮合线与过节点的两节圆切线的夹角
　D. 啮合角不会变化

7. 两个渐开线齿轮齿形相同的条件是（　　）。
　A. 分度圆相等　　　B. 模数相等　　　C. 基圆相等　　　D. 齿数相等

8. 渐开线齿廓上任意点的法线都切于（　　）。
　A. 分度圆　　　B. 基圆　　　C. 节圆　　　D. 齿根圆

9. 当齿轮的模数增大一倍，而其他参数不变时，齿轮齿顶圆的直径（　　）。
　A. 保持不变　　　　　　　　　　　　B. 增大一倍
　C. 减少一倍　　　　　　　　　　　　D. 和模数的平方成正比

10. 测量直齿圆柱齿轮的分度圆齿厚和齿高时，应以（　　）作为测量基准。
　A. 分度圆　　　B. 基圆　　　C. 齿顶圆　　　D. 齿根圆

11. 渐开线标准齿轮的根切现象，发生在（　　）。
　A. 模数较大时　　　B. 模数较小时　　　C. 齿数较小时　　　D. 齿数较大时

12. 若标准直齿圆柱齿轮的全齿高等于 9 mm，则模数等于（　　）。
　A. 2 mm　　　B. 4 mm　　　C. 3 mm　　　D. 5 mm

13. 对于正常齿制标准渐开线直齿圆柱齿轮，当用齿条刀具加工时，不发生根切的最小齿数，$Z_{min} = $（　　）。
　A. 14　　　B. 17　　　C. 21　　　D. 50

14. 一对标准直齿圆柱齿轮的正确啮合条件是（　　）。
　A. $m_1 = m_2$，$\alpha_1 = \alpha_2$
　B. $m_1 = m_2$，$\alpha_1 = \alpha_2$，$\beta_1 = \beta_2$
　C. $m_1 = m_2$，$\beta_1 = -\beta_2$
　D. $m_1 = m_2$，$\alpha_1 = \alpha_2$，$\beta_1 = -\beta_2$

15. 一对标准斜齿圆锥齿轮的正确啮合条件是（　　）。
　A. 大端模数 $m_1 = m_2$，压力角 $\alpha_1 = \alpha_2$
　B. 平均模数 $m_1 = m_2$，压力角 $\alpha_1 = \alpha_2$
　C. 大端模数 $m_1 = m_2$，压力角 $\alpha_1 = \alpha_2$，锥距 $R_1 = R_2$
　D. 压力角 $\alpha_1 = \alpha_2$，锥距 $R_1 = R_2$

16. 一个齿轮上的圆有（　　）。
　A. 齿顶圆，齿根圆
　B. 齿顶圆，齿根圆，分度圆，基圆

C．齿顶圆，节圆，基圆，齿根圆

D．齿顶圆，分度圆，节圆，齿根圆，基圆

17．两轴在空间交错 90° 传动，如已知传递载荷及传动比都较大，则宜选用（　　）。

　　A．螺旋齿轮传动　　　　　　　　　　B．斜齿圆锥齿轮传动

　　C．蜗轮蜗杆传动　　　　　　　　　　D．直齿圆柱齿轮传动

18．当两轴距离较远，且要求传动比准确，宜采用（　　）。

　　A．带传动　　　　B．一对齿轮传动　　　C．轮系传动　　　D．蜗轮蜗杆传动

19．渐开线在基圆上的压力角 α 为多大？（　　）

　　A．0°　　　　　　B．20°　　　　　　　C．90°　　　　　　D．100°

三、判断题

1．渐开线上任意点的法线一定与基圆相切。（　　）

2．渐开线齿轮机构的分度圆与节圆是同一概念。（　　）

3．一对渐开线齿轮传动，两节圆相互做纯滚动。（　　）

4．直齿圆柱齿轮的重合度小于斜齿轮的重合度，因此斜齿轮的承载能力大于直齿轮的承载能力。（　　）

5．传动的重合度越大，承载能力越强。（　　）

6．蜗杆传动一般用于传动大功率、大速比的场合。（　　）

7．基圆以内无渐开线。（　　）

8．圆锥齿轮传动的正确啮合条件是：小端的 $m_1 = m_2 = m$，$\alpha_1 = \alpha_2 = 20°$。（　　）

9．蜗杆传动用于相交轴传动，圆锥齿轮传动用于交错轴的传动。（　　）

四、简答题

1．设计一对渐开线外啮合标准圆柱齿轮机构。已知 z_1=20，传动比为 i_{12}=0.5，模数 m=3，压力角 α 与齿顶高系数 h_a^* 为标准值。

试求：（1）两轮的分度圆直径、齿顶圆直径、齿根圆直径、基圆直径和分度圆上齿厚。

（2）两轮的中心距。

2. 已知一正常标准直齿圆柱齿轮，齿数 Z_1=36，d_{a1}=105 mm，配制与其啮合的齿轮，要求 a=116.25 mm，试求这对齿轮的 d_1、d_2 和 Z_2。

3. 已知一对内啮合标准直齿圆柱齿轮传动，模数 m=6 mm，齿数 Z_1=14，Z_2=39，试求两齿轮的尺寸 d、d_a、d_f 及 a。

项目十一　蜗杆传动

一、填空题

1. 在蜗杆传动中，主要的失效形式为_____、_____、_____和_____，常发生在_____上。
2. 在普通圆柱蜗杆传动中，右旋蜗杆只与_____旋蜗轮才能正确啮合，蜗杆的模数和压力角在_____上的数值定为标准，在此面上的齿廓为_____。
3. 蜗杆传动比 $i = Z_2/Z_1$ 与 d_2/d_1 _____等。
4. 影响蜗杆传动啮合效率的几何因素有_____、_____和_____。
5. 在蜗杆传动中，蜗杆头数越少，则传动效率越_____，自锁性越_____。一般蜗杆头数取_____。
6. 蜗杆分度圆直径规定为标准值的目的是_____。
7. 阿基米德蜗杆传动在中间平面相当于_____与_____相啮合。
8. 蜗杆通常与轴做成一个整体，按蜗杆螺旋部分的加工方法分类为_____和_____。

二、判断题

1. 蜗杆传动用于传递垂直相交轴之间的运动和动力。（　　）
2. 中高速的蜗杆传动中，通常选择青铜合金作为蜗杆材料，碳素结构钢作为蜗轮材料。（　　）
3. 把蜗杆分度圆直径规定为标准值的目的是减少蜗轮刀具数目，有利于刀具标准化。（　　）
4. 蜗杆轴按蜗杆螺旋部分的加工方法可分为车制蜗杆和铣制蜗杆。（　　）
5. 蜗杆传动平稳无噪声。与齿轮传动相比，蜗杆传动的效率高于齿轮传动。（　　）

三、选择题

1. 蜗杆传动的传动比范围通常为（　　）。
   A. <1　　　　B. 1~8　　　　C. 8~80　　　　D. >80~120
2. 与齿轮传动相比，（　　）不能作为蜗杆传动的优点。
   A. 传动平稳、噪声小　　　　B. 传动比可以较大
   C. 可产生自锁　　　　　　　D. 传动效率高
3. 在标准蜗杆传动中，当蜗杆头数 Z_1 一定时，增大蜗杆直径系数 q，将使传动效率（　　）。

A. 提高 B. 减小
C. 不变 D. 增大也可能减小

4. 在蜗杆传动中，当其他条件相同时，增加蜗杆头数 Z_1，则传动效率（　　　）。
   A. 降低 B. 提高
   C. 不变 D. 或提高也可能降低

5. 蜗杆直径系数 $q = $（　　　）。
   A. d_1/m B. $d_1 m$ C. a/d D. a/m

6. 起吊重物用的手动蜗杆传动，宜采用（　　　）的蜗杆。
   A. 单头、小导程角 B. 单头、大导程角
   C. 多头、小导程角 D. 多头、大导程角

7. 在其他条件相同时，若增加蜗杆头数，则滑动速度（　　　）。
   A. 增加 B. 不变
   C. 减小 D. 可能增加也可能减小

8. 在蜗杆传动设计中，蜗杆头数 Z_1 选多一些，则（　　　）。
   A. 有利于蜗杆加工 B. 有利于提高蜗杆刚度
   C. 有利于提高传动的承载能力 D. 有利于提高传动效率

9. 蜗杆直径系数 q 的标准化，是为了（　　　）。
   A. 保证蜗杆有足够的刚度 B. 减少加工时蜗轮滚刀的数目
   C. 提高蜗杆传动的效率 D. 减小蜗杆的直径

10. 蜗杆常用材料是（　　　）。
    A. HT150 B. ZCuSn10P1 C. 45 D. GCr15

11. 采用变位蜗杆传动时（　　　）。
    A. 仅对蜗杆进行变位 B. 仅对蜗轮变位
    C. 必须同时对蜗杆与蜗轮进行变位 D. 对蜗杆变位或对蜗轮变位

12. 提高蜗杆传动效率的主要措施是（　　　）。
    A. 增大模数 m B. 增加蜗轮齿数 z_2
    C. 增加蜗杆头数 z_1 D. 增大蜗杆的直径系数 q

13. 对蜗杆传动进行热平衡计算，其主要目的是防止温升过高导致（　　　）。
    A. 材料的机械性能下降 B. 润滑油变质
    C. 蜗杆热变形过大 D. 润滑条件恶化而产生胶合失效

14. 蜗杆传动的当量摩擦系数 f_v 随齿面相对滑动速度的增大而（　　　）。
    A. 增大 B. 不变
    C. 减小 D. 可能增大也可能减小

15. 闭式蜗杆传动的主要失效形式是（　　　）。
    A. 蜗杆断裂 B. 蜗轮轮齿折断
    C. 胶合、疲劳点蚀 D. 磨粒磨损

16.蜗杆传动比的正确计算公式为（　　）。

A. $i_{12}=\dfrac{z_2}{z_1}$ B. $i_{12}=\dfrac{d_2}{d_1}$ C. $i_{12}=\dfrac{d_1}{d_2}$ D. $i_{12}=\dfrac{z_1}{z_2}$

四、简答题

1. 按加工工艺方法不同，圆柱蜗杆有哪些主要类型？各用什么代号表示？

2. 阿基米德蜗杆与蜗轮正确啮合的条件是什么？

3. 闭式蜗杆传动的主要失效形式是什么？

4. 如图11-1所示，试判断蜗杆传动中蜗轮（或蜗杆）的回转方向及螺旋方向。

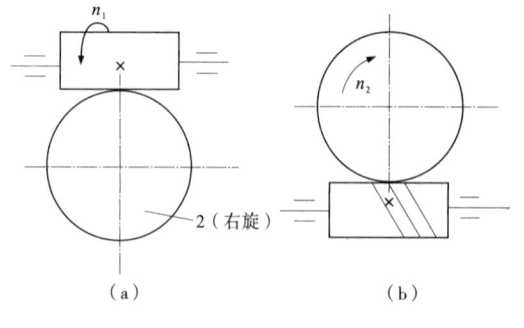
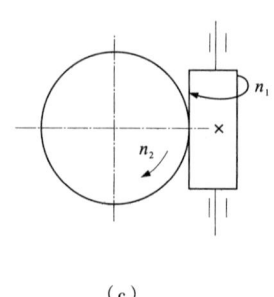

图 11-1

项目十二 汽车齿轮系

一、填空题

1. 所谓定轴轮系是指_____，而周转轮系是指_____。

2. 在周转轮系中，轴线固定的齿轮为_____；兼有自转和公转的齿轮称为_____；而这种齿轮的动轴线所在的构件称为_____。

3. 组成周转轮系的基本构件有：_____，_____，_____，_____；i_{1k} 与 i^H_{1k} 有区别，i_{1k} 是_____；i^H_{1k} 是_____。

4. 在轮系的传动中，有一种不影响传动比大小，只起改变转向作用的齿轮，我们把它称为_____。

5. 差动轮系的自由度是_____；行星轮系的自由度是_____。

6. 在周转轮系传动比计算中，运用相对运动的原理，将周转轮系转化成假想的定轴轮系方法称为_____。

二、选择题

1. 轮系在下列功用中，（　　）必须依靠行星轮系实现。
   A. 变速传动　　　　　　　　B. 大的传动比
   C. 分路传动　　　　　　　　D. 运动的合成与分解

2. 定轴轮系有下列情况：（1）所有齿轮轴线都不平行；（2）所有齿轮轴线平行；（3）首末两轮轴线不平行；（4）所有齿轮轴线都不平行。其中有（　　）种情况下的传动比冠以正负号。
   A. 1　　　　B. 2　　　　C. 3　　　　D. 4

3. 惰轮在轮系中的作用如下：（1）改变从动轮转向；（2）改变从动轮转速；（3）调节齿轮轴间距离；（4）提高齿轮强度。其中有（　　）作用是正确的。
   A. 1个　　　B. 2个　　　C. 3个　　　D. 4个

4. 行星轮系转化轮系动比 i^H_{AB} 若为负值，则齿轮 A 与齿轮 B 转向（　　）。
   A. 一定相同　　B. 一定相反　　C. 不一定　　D. 可能相反

5. 能实现传动比恒定且远距离传动的是（　　）。
   A. 轮系　　　B. 链轮传动　　C. 凸轮机构　　D. 液压传动

三、判断题

1. 定轴轮系的传动比等于各对齿轮传动比的连乘积。 （ ）
2. 周转轮系的传动比等于各对齿轮传动比的连乘积。 （ ）
3. 轮系可以分为定轴轮系和周转轮系，其中，差动轮系属于定轴轮系。 （ ）
4. 在轮系中，惰轮既能改变传动比大小，又能改变转动方向。 （ ）

四、简答题

1. 图 12-1 所示轮系中，已知各标准圆柱齿轮的齿数为 $Z_1=Z_2=20$，$Z_3=64$，$Z_3'=16$，$Z_4=30$，$Z_4'=24$，$Z_5=36$，试计算轮系传动比 i_{15}。

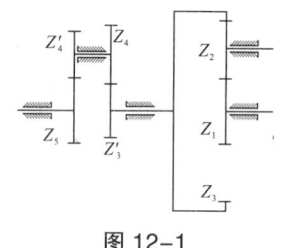

图 12-1

2. 图 12-2 所示轮系中，已知 $Z_1=16$，$Z_2=36$，$Z_3=25$，$Z_4=50$，$Z_5=2$，$Z_6=20$，若 $n_1=600$ r/min，求蜗轮的转速 n_6 及各轮的转向。

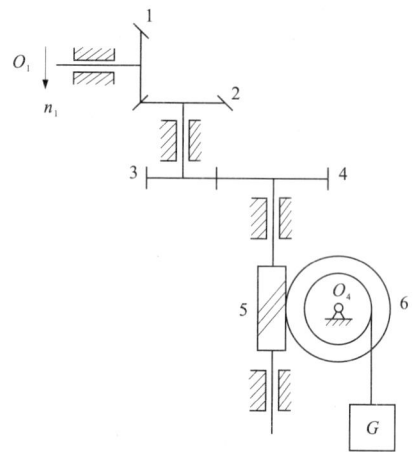

图 12-2

3. 已知周转轮系如图 12-3 所示，$Z_1 = 100$、$Z_2 = 101$、$Z_2' = 100$、$Z_3 = 99$，试求：i_{H1}

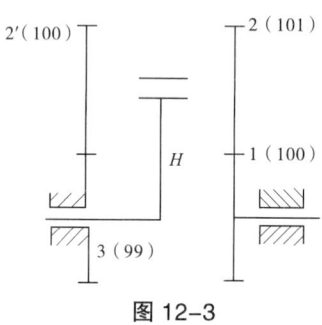

图 12-3

项目十三 轴

一、填空题

1. 自行车的前轮轴是_____。
2. 心轴在工作中只受_____作用而不传递_____。
3. 在工作中只受弯矩不传递扭矩的轴叫_____；在工作过程中只传递扭矩不受弯矩的轴叫_____；同时承受弯矩和扭矩的轴叫_____。
4. 轴的作用是支承轴上的旋转零件，传递_____和_____。
5. 轴的常用材料是_____和_____。
6. _____是针对装配而言的，是为了保证轴上零件准确的安装位置。而_____是针对工件而言的，是为了使轴上零件在运转中保持原位不动。

二、选择题

1. 工作中既承受弯矩又承受转矩的轴，称为（　　）。
   A．传动轴　　　　B．转轴　　　　C．心轴　　　　D．半轴
2. 增大轴在截面变化处的圆角半径，有利于（　　）。
   A．零件的轴向定位　　　　B．降低应力集中，提高轴的疲劳强度
   C．使轴加工方便　　　　　D．便于安装
3. 轴环的作用是（　　）。
   A．加工轴时的定位面　　　B．提高轴的强度
   C．使轴上零件获得轴向固定　D．便于加工
4. 汽车下部，由发动机、变速器通过万向联轴器带动后轮差速器的轴是（　　）。
   A．心轴　　　　B．转轴　　　　C．传动轴　　　　D．空心轴

三、判断题

1. 转轴只承受弯矩而不承受转矩。　　　　　　　　　　　　　　　　（　　）
2. 阶梯轴的截面尺寸变化处采用圆角过渡的目的是便于加工。　　　　（　　）
3. 轴的直径均需符合标准直径系列，轴颈的直径尺寸也一样，且与轴承内孔的标准直径无关。
　　　　　　　　　　　　　　　　　　　　　　　　　　　　　　　　（　　）
4. 用轴肩（轴环）可对轴上零件做周向固定。　　　　　　　　　　　（　　）

四、挑错题

指出图 13-1 的错误，并将错误之处编号

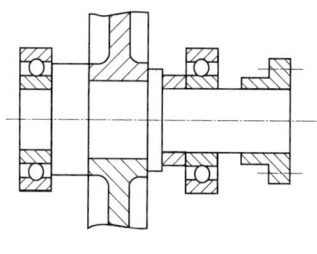

图 13-1

五、综合题

1. 说出图 13-2 中各零件的名称。

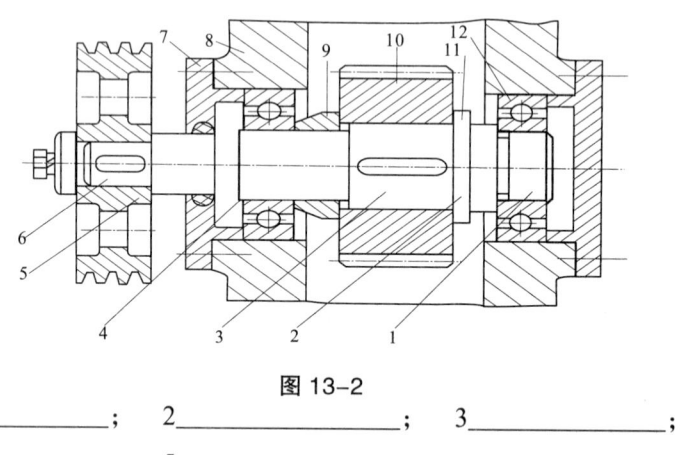

图 13-2

1_____；   2_____；   3_____；

4_____；   5_____；   6_____；

7_____；   8_____；   9_____；

10_____； 11_____； 12_____。

2. 图 13-2 中密封件的作用是：_____。

3. 图 13-2 中 9 的作用是：_____；作图时应注意的事项是：_____。

4. 图 13-2 中的传动件是_____；这些传动件的宽度与轴头长度相比，需

_____。

项目十四 轴承

一、填空题

1. 滑动轴承按受载荷方向的不同，可分为_____和_____。
2. 滚动轴承部件支承轴时，若采用双支点单向固定式，其适用条件应是工作时温升_____或轴的跨距_____的场合。
3. 内径 $d=17$ mm 的轴承，其内径代号为_____；内径 $d=15$ mm 的轴承，其内径代号为_____；内径 $d=30$ mm、尺寸系列 02 圆锥滚子轴承，公差等级为 P5，其代号为_____；内径 $d=85$ mm，直径系列 4 的圆柱滚子轴承，公差等级 P6，其代号为_____；内径 $d=50$ mm，直径系列 1 向心推力球轴承，$\alpha=15°$，公差等级 P4，其代号为_____。
4. 在 70000C，70000AC 和 70000B 三种轴承中，承受轴向负荷能力最大者为_____。
5. 轴承部件设计中，固游式（一端固定，一端游动）的轴承固定结构适用_____。
6. 滑动轴承润滑作用是减少_____，提高_____，轴瓦的油槽应该开在_____载荷的部位。
7. 滚动轴承组合轴向固定的方法有_____和_____。
8. 6313 轴承，其类型是_____轴承，内径_____mm，_____级精度。
9. 润滑油的性能指标是_____。
10. 滑动轴承采用油润滑可使用的装置是_____、_____、_____和_____。

二、选择题

1. 温度升高时，润滑油的黏度（ ）。
   A．随之升高 B．保持不变
   C．随之降低 D．可能升高也可能降低
2. 同一根轴的两个支承，虽然承受负载不等，但常用一对相同型号的滚动轴承，最主要是因为除（ ）以外的下述其余三点理由。
   A．采购同型号的一对轴承比较方便
   B．安装轴承的两轴承座孔直径相同，加工方便
   C．安装轴承的两轴颈直径相同，加工方便
   D．一次镗孔能保证两轴承座孔中心线的同轴度，有利于轴承正常工作

3. 滚动轴承的代号由前置代号、基本代号及后置代号组成，其中基本代号表示（　　）。
   A. 轴承的类型、结构和尺寸　　　　　B. 轴承组件
   C. 轴承内部结构的变化和轴承公差等级　D. 轴承游隙和配置
4. 代号为 N1024 的轴承内径是（　　）。
   A. 20　　　　B. 24　　　　C. 40　　　　D. 120
5. 推力球轴承的类型代号为（　　）。
   A. 5　　　　B. 6　　　　C. 7　　　　D. 8
6. 角接触球轴承承受轴向载荷的能力，随接触角 α 的增大而（　　）。
   A. 增大　　　B. 减少　　　C. 不变　　　D. 不定
7. 在正常工作条件下，滚动轴承的主要失效形式是（　　）。
   A. 滚动体破裂
   B. 滚道磨损
   C. 滚动体与滚道工作表面上产生疲劳点蚀
   D. 滚动体与滚道间产生胶合
8. 角接触球轴承的类型代号为（　　）。
   A. 1　　　　B. 2　　　　C. 3　　　　D. 7
9. 下列四种轴承中，（　　）必须成对使用。
   A. 深沟球轴承　B. 圆锥滚子轴承　C. 推力球轴承　D. 圆柱滚子轴承
10. 滚动轴承的类型代号由（　　）表示。
    A. 数字　　　B. 数字或字母　C. 字母　　　D. 数字加字母
11. 滚动轴承的接触式密封是（　　）。
    A. 毡圈密封　B. 油沟式密封　C. 迷宫式密封　D. 甩油密封
12. 代号为 30108、30208、30308 的滚动轴承的（　　）不相同。
    A. 外径　　　B. 内径　　　C. 精度　　　D. 类型

三、判断题

1. 滚动轴承的公称接触角越大，轴承承受径向载荷的能力就越大。（　　）
2. 代号为 6107、6207、6307 的滚动轴承的内径都是相同的。（　　）
3. 公称接触角指滚动轴承的滚动体与外圈滚道接触点的法线和轴承径向平面的夹角。（　　）
4. 调心滚子轴承和圆锥滚子轴承的宽度系列代号 0 不要标出。（　　）
5. 滚动轴承常用的润滑剂有润滑脂和润滑油。（　　）
6. 滚动轴承的最常见的失效形式是疲劳点蚀和塑性变形。（　　）
7. 轴瓦上的油槽应开在非承载区。（　　）
8. 滑动轴承用于高速、高精度、重载、结构上要求剖分等场合。（　　）

参 考 答 案

一、填空题

1. 强度、塑性、硬度、韧性、疲劳强度；2. 断后伸长率、断面收缩；3. 疲劳；4. 冲击韧度；5. 晶格；6. 晶胞；7. 组元；8. 结构、成分、性能；9. 面心立方；10. 点缺陷、线缺陷、面缺陷；11. 晶格、强度、硬度、塑性、韧性；12. 过冷度；13. 快；14. 细小；15. 变质处理；16. 间隙；17. 保温；18. 分解、吸收；19. 介质淬火、分级淬火；20. 低碳钢、中碳钢、高碳钢；21. 碳素结构钢、碳素工具钢；22. 特殊性能钢；23. 灰铸铁、球墨铸铁、可锻铸铁；24. 片状、灰白；25. 减振性、减磨性；26. 形状、大小；27. 去应力退火、表面退火、减小；28. 渗碳体；29. 球状；30. 蠕虫状；31. 团絮状；32. 减小铸件内应力；33. 高温退火；34. 硬度；35. 结晶；36. 固溶热处理；37. 合成树脂、填充剂；38. 热塑性、热固性；39. 软化；40. 网线型；41. 生胶、配制剂；42. 颗粒；43. 好；44. 蒸发性、抗爆性、氧化安定性、防腐性、清洁性；45. 辛烷值；46. 高速、轻柴油；47. 小、降低；48. 溶剂、润滑剂、添加剂。

二、选择题

1.B；2.A；3.C；4.C；5.D；6.A；7.A；8.A；9.A；10.B；11.D；12.C；13.A；14.B；15.A；16.A；17.C；18.D；19.D；20.B；21.A；22.D；23.B；24.C；25.D；26.C；27.D；28.A；29.B；30.C；31.D；32.C；33.B；34.B；35.C；36.B；37.A；38.B；39.C；40.D；41.D；42.D；43.D；44.A；45.D；46.B；47.A；48.D；49.C；50.B；51.A；52.B；53.D；54.B；55.C；56.A；57.D；58.B；59.B；60.D；61.A；62.D；63.D；64.A；65.D；66.A；67.D；68.A；69.C；70.A；71.D；72.C；73.B；74.D；75.A；76.D；77.C。

三、判断题

1. ×；2. √；3. ×；4. ×；5. ×；6. √；7. √；8. √；9. √；10. √；11. √；12. √；13. ×；14. ×；15. ×；16. ×；17. ×；18. ×；19. √；20. √；21. ×；22. ×；23. ×；24. ×；25. √；26. √；27. ×；28. ×；29. ×；30. √；31. ×；32. ×；33. ×；34. √；35. ×；36. √；37. √；38. √；39. √；40. √；41. √；42. √；43. ×；44. ×；45. √；46. √；47. √；48. √；49. √；

79

50. ×；51. √；52. ×；53. ×；54. √；55. √；56. √；57. ×；58. √；59. ×；60. ×；61. √；62. ×；63. ×；64. ×；65. √；66. √；67. √；68. √；69. ×；70. ×；71. ×；72. ×；73. ×；74. √；75. ×；76. √；77. √；78. ×；79. ×；80. ×；81. √；82. √；83. ×；84. √；85. √；86. ×；87. √；88. √；89. ×。

四、名词解释

1. 塑性指金属材料在外力作用下，产生永久变形而不断裂的能力。

2. 硬度指金属材料抵抗局部弹性变形、塑性变形、压痕或破裂的能力。

3. 疲劳断裂指在变动载荷的作用下，零件经过较长时间工作或多次应力循环后所发生的突然断裂现象。

4. 金属自液态经冷却转变为固态的过程是原子从排列不规则的液态转变为排列规则的固态晶体的过程，此过程称为金属的结晶。

5. 在固态下随温度的变化由一种晶格转变为另一种晶格的现象称为同素异构转变。

6. 合金是由两种或两种以上的金属元素（或金属与非金属元素）组成的具有金属特性的物质。

7. 在固态下，合金组元间相互溶解，形成在某一组元的晶格中包含其他组元的新相，称为固溶体。

8. 钢的热处理是指将钢在固态范围内采用适当的方式进行加热、保温和冷却，以改变其组织，从而获得所需性能的一种工艺方法。

9. 将钢加热到 A_{c3}、A_{c1} 以上某一温度范围，保温一定时间，随后缓慢冷却（一般为随炉冷却）的热处理工艺过程，称为退火。

10. 将钢加热到 A_{c3} 或 A_{cm} 以上某一温度范围，保温适当的时间后，在静止空气中冷却的热处理工艺过程，称为正火。

11. 淬火是将钢加热到 A_{c3} 或 A_{c1} 以上某一温度范围，保温，然后急剧冷却（如水冷、油冷、盐碱冷等）的热处理工艺。

12. 回火是把已经淬火的工件重新加热到 A_{c1} 以下某一温度，保温后再以适当的冷却速度冷却到室温的热处理工艺。

13. 碳素钢是指碳的质量分数小于2.11%，并含有少量锰、硅、硫、磷等杂质元素的铁碳合金。

14. 合金钢是指在碳钢的基础上，为了改善钢的性能，在冶炼时有目的地加入一些元素（称为合金元素）而获得的多元合金。

15. 硬质合金是以一种或几种难熔金属的碳化物，如碳化钨（WC）、碳化钛（TiC）等粉末为主要成分，加入起黏结作用的金属（Co）粉末，经压制成形、烧结、后处理等粉末冶金工艺方法处理后所获得的合金材料。

16. 塑料是在一定温度和压力下可塑制成形的高分子合成材料的通称。

17. 橡胶是以生胶为基础加入适量的配合剂而组成的高分子材料。

18. 由两种或两种以上物理、化学性质不同的物质，经人工合成的多相固体材料，称为复合材料。

五、简答题

1. 材料在不同载荷的作用下所表现的特性是金属材料的力学性能。力学性能的指标有强度、塑性、硬度、韧性和疲劳强度等。

2. 强度指材料在静载荷作用下抵抗塑性变形和断裂的能力。强度指标是弹性极限、屈服强度、抗拉强度，分别用 σ_e、σ_s、σ_b 表示。塑性是指断裂前金属材料在静载荷作用下产生塑性变形而不破坏的能力。评定指标是断后伸长率和断面收缩率，分别用用 δ、ψ 表示。

3. 在恒定温度下进行，结晶时要放出潜热，需要过冷度，结晶的过程是晶核产生和晶核不断长大的过程。晶核的形核率影响因素有增加过冷度、变质处理、附加振动、降低浇注速度；长大速度影响因素有增加过冷度、变质处理。

4. 一般情况下，晶粒越细小，金属的强度、塑性和韧性越好。生产中细化晶粒的方法有：增加过冷度、变质处理、附加振动、降低浇注速度。

5. 铁素体（F）：碳溶于 α-Fe 中形成的间隙固溶体。奥氏体（A）：碳溶于 γ-Fe 中形成的间隙固溶体。珠光体（P）：F 与 Fe_3C 组成的机械混合物。莱氏体：高温莱氏体（Ld）A 与 Fe_3C 组成的共晶体；低温莱氏体（L'd）P 与 Fe_3C 组成的共晶体。

6. w（C）=0.77% 共析钢在结晶时，当温度降至结晶开始的温度时，开始结晶出奥氏体，随着温度的不断降低液相不断减少，奥氏体不断增多，当温度降至结晶结束温度时，液相全部结晶为奥氏体；当温度下降到共析温度时，奥氏体全部共析为珠光体。所以室温时，其组织为珠光体。

7. 随含碳量增加而增加，钢的室温组织分别为 F、F+P、P+Fe3CⅡ，随着含碳量的增加，组织中作为强化相的渗碳体增多，钢的硬度、强度上升，塑性、韧性下降。而且渗碳体分布越均匀，钢的强度越大。当钢的含碳量大于 0.9% 以后，随着含碳量的增加强度明显下降。

8. 按含碳量分，碳素钢可分为：低碳钢：含碳量是 w（C）≤ 0.25%；中碳钢：含碳量是 w（C）=0.25~0.6%；高碳钢：含碳量是 w（C）>0.6%。

9. 正火在空气中冷却；退火随炉缓慢冷却。正火的硬度和强度比退火高。从切削加工性能考虑：切削加工要有适当的硬度，当含碳量小于 0.5% 时采用正火；当含碳量大于 0.5% 时采用退火。从使用性能考虑：作为最终热处理采用正火，但零件形状复杂采用退火，消除内应力采用去内应力退火。从经济性能考虑：正火比退火生产周期短、生产成本低、效率高，易操作，因此优先采用正火。

10. 化学热处理的种类很多，按渗入元素不同可分为渗碳、渗氮、碳氮共渗、渗硼、碳氮硼三元共渗、渗金属等。

11. 合金元素能增加过冷奥氏体稳定性及提高回火稳定性。合金元素溶入奥氏体之后，能降低原子的扩散速度，从而增加过冷奥氏体的稳定性；合金元素溶入马氏体，使原子扩散速度减慢，因而在回火过程中，马氏体不易分解，使钢材回火时强度、硬度下降缓慢，提高了钢的回火稳定性。

12. 合金元素溶入铁素体后，引起铁素体的晶格畸变，强化了铁素体，金属的强度、硬度上升；由于合金元素的溶入，形成了渗碳体和特殊碳化物，渗碳体和特殊碳化物加热时不易分解，能形成自发晶核，且阻碍奥氏体晶粒的长细化，使钢的强度和韧性提高，所以低合金高强度结构钢的强韧性比含碳量相同的碳钢好。

13.（1）因为含碳量过低，强度和硬度低，含碳量过高，塑性、韧性差，所以调质钢的含碳量为 0.3%~0.5%。

（2）合金元素的加入可以提高钢的淬透性和回火稳定性，并可以强化铁素体。

14.（1）轴承钢中含碳量较高，是为了保证轴承钢有足够的强度、硬度，并形成足够的碳化物，增加钢的耐磨性。

（2）合金元素的加入可以提高钢的淬透性和回火稳定性，并可以强化铁素体。

15. ZGMn13 在强烈冲击和摩擦条件下耐磨。因为当 ZGMn13 处于强烈冲击和摩擦条件时，表面产生塑性变形引起加工硬化，硬度、耐磨性大大提高。而即使表面磨损，其内部由于继续加工硬化而增加其硬度、耐磨性。常用的热处理是水韧处理。

16. 根据在铸铁中存在形式和形态不同，碳可分为：白口铸铁、灰铸铁、球墨铸铁、蠕墨铸铁、可锻铸铁。白口铸铁中碳少量溶于铁素体，其余碳均以渗碳体的形式存在于铸铁中，其断面呈银白色，硬而脆，很难进行切削加工。

灰铸铁中的碳主要以片状石墨形态存在于金属基体中，断口呈灰白色，它的力学性能较高，切削加工性能好，产生工艺简单，价格低廉，具有良好的减振性、减磨性和耐磨性。

球墨铸铁的碳主要以球状石墨的形态存在于金属基体中，其力学性能高于灰铸铁，而且可通过热处理方法进行强化，生产中常用于制作受力大且重要的铸件。

蠕墨铸铁的碳以蠕虫状石墨的形态存在于金属基体中，其力学性能介于灰铸铁和球墨铸铁之间。

可锻铸铁的碳以团絮状石墨的形态存在于金属基体中，韧性和塑性高于灰铸铁，接近于球墨铸铁。

17. 因为灰铸铁的热处理只能改变基体组织，不能改变石墨的形状、大小、数量和分布情况，所以热处理对灰铸铁的力学性能影响不大；常用的热处理方法有去应力退火、高温退火、表面退火；目的是减小铸件内应力，改善切削加工性能。

18. 球墨铸铁是一定成分的铁水在浇注前，经球化处理获得的；球墨铸铁中的石墨呈球状，使其对基体割裂作用和应力集中作用减到最小，基体的强度利用率高，它的力学性能比其他铸铁的都高。

19.（1）足够的抗压强度、疲劳强度、塑性和韧性，以承受载荷、抵抗冲击和振动。

（2）适合的硬度，既能承受载荷又能减少对轴的磨损，同时又能使外界落入轴承的硬杂质陷入。

（3）良好的减磨性和磨合性。具有小的摩擦系数，良好的润滑能力。

（4）良好的抗咬合能力。在润滑条件不良时，轴承材料不致和轴黏着或焊合。

（5）良好的导热性和耐磨性，小的膨胀系数。

（6）成本低廉、易于制造。

20. 轴的主要材料是碳钢、合金钢和球墨铸铁。对于轻载荷的或不重要的轴，可以使用Q235、Q275等普通碳素钢。对于一般用途的轴常用35、40、45、50钢等优质碳素结构钢，其中以45钢使用最广。

合金钢：重载荷重要的轴可以使用40Cr（或用35SiMn、40MnB代替）、40CrNi(或用38SiMnMo代替）等合金结构钢并进行热处理；承受大冲击载荷、交变载荷可以采用20Cr、20CrMnTi等渗碳钢或渗氮钢；外形复杂力学性能要求较高的轴可采用球墨铸铁或高强度铸造材料。

21. 塑料是以合成树脂为基础，再加入一些用来改善使用性能和工艺性能的填充剂制成的高分子材料；按合成树脂的性能，塑料分为热塑性塑料和热固性塑料。热塑性塑料通常为线型结构，能溶于有机溶剂，加热可软化，故易于加工成形；冷却后变硬，当再次受热时软化并能反复使用。热固塑料通常为网线型结构，固化后重复加热不再软化和熔融，亦不溶于有机溶剂，不能再成形使用。

22. （1）齿轮在啮合过程中会产生齿间摩擦，车用齿轮油会减少齿间摩擦，保证齿轮的使用寿命。

（2）车用齿轮油能起到冷却零部件的作用，带走齿轮啮合过程中产生的热量。

（3）可以缓和齿轮在传动过程中产生的振动、冲击和噪声。

（4）车用齿轮油还有防腐防锈的作用，可以保证齿轮正常工作。

（5）车用齿轮油还能起到清洗齿面赃物的作用。

23. 具有优良的黏温性；良好的低温流动性；良好的耐磨性；良好的抗氧化性；抗泡沫性和防锈性。

24. 良好的高温抗气阻性；适当的运动黏度；良好的与橡胶配伍性；良好的抗腐蚀性；良好的稳定性；良好的耐寒性；良好的溶水性；良好的抗氧化性；良好的润滑性和材料适应性。

一、填空题

1. 运动状态、形状；2. 大小、方向、作用线；3. 矢量；4. 力系；5. 互为等效力系；6. 相等、相反、同一直线上；7. 平衡力系；8. 移动；9. 对角线；10. 汇交于一点；11. 等值、反向、共线；12. 主动力、约束反力；13. 约束反力；14. 固定端约束；15. 力矩；16. 正、负；17. 力偶；18. 力偶矩；19. 平面力偶系；20. 零；21. 零；22. 零；23. 平面平行力系；24. 相反、增大；

25. $0 \leq F \leq F_{max}$。

二、选择题

1.D；2.A；3.B；4.D；5.A；6.C；7.D；8.C；9.B；10.C；11.C；12.C；13.B。

三、判断题

1. √；2. ×；3. √；4. √；5. ×；6. ×；7. ×；8. √；9. ×；10. √；11. ×；12. √；13. ×；14. √；15. √；16. √；17. √；18. ×；19. √；20. √；21. √；22. ×；23. √。

四、名词解释

1. 力是物体间的相互作用，其作用结果使物体运动状态或形状发生变化。

2. 平衡是指物体相对地面处于静止或匀速直线运动状态。

3. 刚体是指在外力作用下，大小和形状始终保持不变的物体。

4. 这种限制物体运动的周围物体，称为约束。

5. 力 F 使物体绕 O 点转动的效应用两者的乘积 Fd 来度量，称为力 F 对 O 点之矩，简称力矩。

6. 把作用在同一物体上的等值、反向、不共线的两个平行力称为力偶。

7. 在同一平面内，由若干个力偶所组成的力偶系称为平面力偶系。

8. 由若干个物体通过适当的约束方式组成的系统，力学上称为物体系统，简称物系。

9. 两个相互接触的物体，当其接触面间有相对滑动或相对滑动的趋势时，接触面间就会产生阻碍相对滑动的切向阻力。这种现象称为滑动摩擦，此切向阻力称为滑动摩擦力。

10. 如物体与支撑面的摩擦因数在各个方向均相同，则这个范围在空间就形成一个锥体，称为摩擦锥。

五、简答题

1. 一个杆件所受二力大小相等、方向相反、作用在两铰链中心连线上。

2. 当主动力位于摩擦锥范围内，不论增加多少，正压力和摩擦力的合力与主动力始终处于平衡状态，而不会产生滑动，这种现象称为自锁。

3. 作用在物体上的力，向某一指定点平行移动必须同时在物体上附加一个力偶，此附加力偶值等于原来力对该指定点之矩。

4. 力与力臂的乘积称为力对点之矩，简称力矩。

特点是：

①当力的作用线通过矩心时，力臂为零，力矩亦为零；

②当力沿其作用线移动时，力臂和力矩值不变；

③当力不变，矩心改变时，会引起力臂变化，力矩的大小或转向也会随之改变。

5. 略

6. 略

7. 略

8. 四连杆机构在图示位置平衡,已知 OA=60 cm, BC=40 cm,作用在 BC 上力偶的力偶矩 M_2=1 N·m。试求作用在 OA 上力偶的力偶矩大小 M_1 和 AB 所受的力 F_{AB},各杆重量不计。

(1)取 BC 为对象,列力偶平衡方程

$$F_B \cdot \overline{BC} \cdot \sin 30° = M_2 \ ; \quad F_B = \frac{1}{0.4 \times 0.5} = 5(\text{N})$$

因 AB 为二力杆,故 $F_{AB}=F_B=5$ N。

(2)取 OA 为对象,列力偶平衡方程

$F_{AB}=F_B=5$ N

$$M_1 = F_A \cdot \overline{QA} = 5 \times 0.6 = 3(\text{N} \cdot \text{m})$$

故作用在 OA 上的力偶矩 M_1=3 N·m, AB 所受的力 F_{AB}=5 N。

9. 平面任意力系平衡的充要条件为:力系的主矢及力系对任一点的主矩均为零,即

$$F'_R = \sqrt{\left(\sum F_x\right)^2 + \left(\sum F_y\right)^2} = 0$$

$$M_O = \sum M_O(F) = 0$$

10.(1)平面汇交力系平衡的几何条件:从力多边形图形上看,当合力 F_R=0 时,合力封闭边变为一点,即第一个矢量的起点与最后一个力矢量的终点重合,构成了一个自行封闭的力多边形,如 10 题图(答)所示。

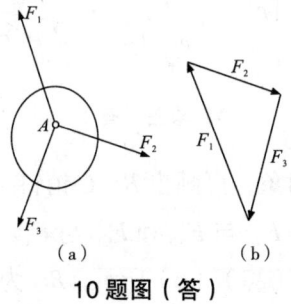

10 题图(答)

(2)平面汇交力系平衡的解析条件:平面汇交力系平衡时,由式(2-8)(见课本)应有

$$F_R = \sqrt{\left(\sum F_x\right)^2 + \left(\sum F_y\right)^2} = 0$$

$$\sum F_x = 0 \qquad \sum F_y = 0$$

因此,平面汇交力系平衡的解析条件是各力在 x 轴和 y 轴上投影的代数和分别等于零。式 $\sum F_y = 0$ 称为平面汇交力系的平衡方程。

用解析法求解平衡问题时,未知力的指向可先假设,若计算结果为正值,则表示所假设力的指向与实际相同;若为负值,则表示所假设力的指向与实际指向相反。

11. 图 2-7 中三个力的合力为 F，合力 F 与 x 轴夹角为 α。

$$F = \sqrt{\left(\sum F_x\right)^2 + \left(\sum F_x\right)^2}$$

$$\tan \alpha = \left|\frac{F_y}{F_x}\right| = \left|\frac{\sum F_y}{\sum F_x}\right|$$

$$\sum F_x = 120 \times \cos 30° + 90 \times \cos 45° = -40.29 (\text{N})$$

$$\sum F_y = 120 \times \sin 30° + 90 \times \sin 45° - 50 = 73.63 (\text{N})$$

$$F = \sqrt{\left(\sum F_X\right)^2 + \left(\sum F_Y\right)^2} = \sqrt{(-40.29)^2 + 73.63^2} = 83.93 (\text{N})$$

$$\tan \alpha = \left|\frac{F_y}{F_x}\right| = \left|\frac{\sum F_y}{\sum F_x}\right| = \frac{73.63}{40.29} = 1.8275$$

$$\alpha = 61.3°$$

12.

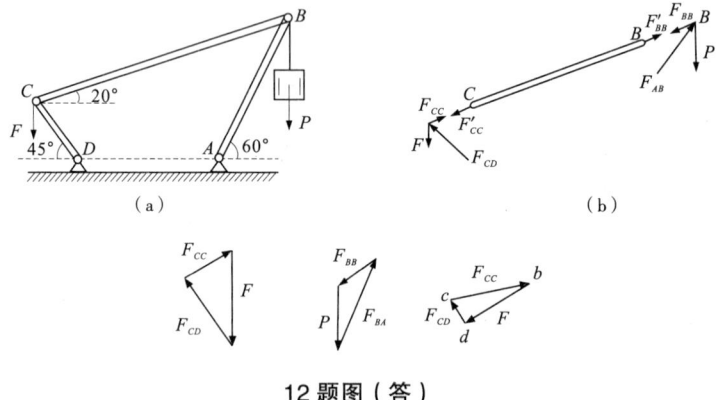

12 题图（答）

分别选定 B、C 两销钉为研究对象，可画出 B、C 销钉及 BC 二力杆的分离体图和受力图，如 12 题图（答）(b)所示。其中，F_{BB} 与 F'_{BB} 和 F_{CC} 与 F'_{CC} 是两对作用力与反作用力，因此有 $F_{BB}=F'_{BB}$ 及 $F_{CC}=F'_{CC}$，指向如 12 题图（答）(b)所示；BC 为二力杆，因此有 $F_{BB}=F'_C$，指向如 12 题图（答）(b)所示。

最后有 $F_{BB}=F'_{BB}=F_{CC}=F'_{CC}$。

根据共点力系平衡的几何条件——力多边形自行封闭，可画出销钉 B、C 的力三角形如 12 题图（答）(c)所示。需要指出的是在画销钉 B 的力三角形时，载荷 P 是已知的；由于在画销钉 C 的力三角形时，是通过销钉 B 的力三角形求出 F_{BB}，因而 F_{CC} 作为已知量来进行。

由销钉 B 的力三角形，有 $\dfrac{P}{\sin 40°} = \dfrac{F_{BB}}{\sin 30°}$

$$F_{BB} = \frac{P \sin 30°}{\sin 40°} = 778 (\text{N})$$

由销钉 C 的力三角形，有

$$\frac{F_{CC}}{\sin 45°} = \frac{F}{\sin 65°}$$

$$F = \frac{F_{CC}\sin 65°}{\sin 65°} = \frac{F_{BB}\sin 65°}{\sin 45°} = 997(\text{N})$$

为了求得在图示位置保持平衡 F 的最小值和方向，只需求出在销钉 C 的力三角形中，保持 F_{CC} 的大小方向不变和 F_{CD} 的方向不变，F 为最小值时的封闭三角形。不难得到所求的力三角形为 △bcd，于是可得此时 F 的最小值为：

$$F = F_{CC}\sin 65° = 705(\text{N})$$

方向垂直于杆 CD。

13.

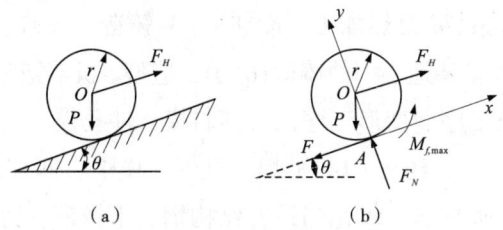

13 图题（答）

选轮子为研究对象，画出其分离体及受力图 13 图题（答），考虑到存在滚动摩擦，因此图中画出了滚动摩擦力偶 M_f，其转向与向上滚动的方向相反。轮子匀速向上，即处于平衡状态，且 $M_f = M_{f,\max}$，列出平衡方程：

$$\begin{cases} \sum F_x = 0, F_H - P\sin\theta - F = 0 \\ \sum F_y = 0, F_N - P\cos\theta = 0 \\ \sum M_A(F) = 0, P\sin\theta \cdot r - F_H \cdot r + M_{f,\max} = 0 \end{cases}$$

补充滚动摩擦力偶矩的方程：$M_{f,\max} = \delta F_N$

四个方程可解四个未知量：F_H，F，F_N，$M_{f,\max}$，其中

$$F_H = P\left(\sin\theta + \frac{\delta}{r}\cos\theta\right) = 1000 \times \left(\sin 30° + \frac{0.3}{0.2}\cos 30°\right)$$

代入已知数据 P=1 000 N，r=20 cm=0.2 m，θ=30° δ=0.3 得

$$F_H = 1000 \times \left(\sin 30° + \frac{0.3}{0.2}\cos 30°\right) = 1799(\text{N})$$

project

项目三 汽车制造工艺与选择

一、填空题

1.铸造、锻造、焊接、涂装；2.热加工、冷加工；3.铸造、锻造、焊接、金属的切削加工；4.流动性、收缩性；5.砂型铸造、特种铸造；6.手工造型、机器造型；7.可锻性；8.扭转、冲孔；9.冷冲或冲压；10.分离工序、变形工序；11.落料模、冲孔模、弯曲模、拉深模；12.熔化焊、压力焊、钎焊；13.焊条芯、药皮；14.平焊、立焊、横焊、仰焊；15.焊条直径、焊接电流、焊接速度；16.中性焰、碳化焰、氧化焰；17.结构钢、不锈钢、铸铁；18.主运动、进给运动；19.切削速度、进给量、背吃刀量；20.切削部分、夹持部分；21.高温、高压、摩擦、冲击；22.碳素工具钢、合金工具钢、高速工具钢、硬质合金；23.弹性变形、挤裂、切离；24.带状切屑、节状切屑、粒状切屑、崩碎切屑；25.切削油、乳化液、水溶液；26.车削、钻削、镗削；27.钻孔、扩孔、铰孔；28.磨削加工；29.使用性；30.工艺性；31.使用性原则、公益性原则、经济性原则。

二、选择题

1.C；2.B；3.A；4.C；5.A；6.B；7.D；8.D；9.D；10.D；11.A；12.D；13.A；14.B；15.D；16.D；17.D；18.B。

三、判断题

1.×；2.√；3.√；4.×；5.√；6.×；7.√；8.√；9.√；10.√；11.×；12.√；13.√；14.√；15.×；16.×；17.√；18.√；19.×。

四、名词解释

1.液态金属在冷却和凝固过程中，所发生的体积缩小的现象称为收缩。

2.把熔融的金属注入用型砂制成的铸型，凝固后而获得铸件的方法，称为砂型铸造。

3.利用模具使毛坯变形而获得锻件的锻造方法称为模型锻造，简称模锻。

4.板料冲压是利用装在压力机上的模具对金属板料加压，使其产生分离或变形，从而获得毛坯或零件的一种加工方法。

5.焊接是指通过加热、加压或同时加热加压，使两个分离的固态物体产生原子或分子间的结合和扩散，形成永久性连接的一种工艺方法。

6. 气焊是利用可燃气体在氧中燃烧的气体火焰来熔化母材和填充金属以进行焊接的一种工艺方法。

7. 为了进行切削加工以获得工件所需的各种形状，刀具和工件必须完成一系列相对运动，称为切削运动。

8. 刀具在进给运动方向上相对于工件的位移量称为进给量。

9. 失效是指由于某种原因，导致其尺寸、形状及材料的组织和性能发生变化而不能完成指定功能的现象。

五、简答题

1. 铸造是将液体金属浇注到具有与零件形状相适应的铸型空腔中，待其冷却凝固后获得零件或毛坯的方法。铸件表面比较粗糙，尺寸精度不高，需经切削加工后才能成为零件。若采用精密铸造的方法，或对零件的精度要求不高，则铸造能直接生产零件。

2. 砂型铸造的生产过程主要包括：制模、配砂、造型、造芯、合型、熔炼、浇注、落砂、清理和检验。

3. 影响金属可锻性的因素有化学成分，金属组织结构，变形温度，变形速度。

4. 自由锻的优点是：改善组织结构，提高力学性能；成本低，经济性合理；其所用设备、工具通用性好；生产准备周期短；工艺灵活，适用性强。其缺点是：锻件尺寸精度低；不能用于形状复杂的锻件；对工人的技术水平要求高；劳动条件差。自由锻主要用于单件小批、形状不太复杂、尺寸精度要求不高的锻件及一些大型锻件的生产。

5.（1）能压制其他加工工艺难以加工或不能加工的形状复杂的零件。

（2）冲压件的尺寸精度高，可满足互换性的要求，表面很光洁。

（3）冲压件的强度高，刚度好，重量轻，材料的利用率高，一般为70%~85%。

（4）板料冲压操作简便，易于实现机械化、自动化，生产效率高。

（5）冲压模具制造周期长，并需要较高制模技术，成本高。

6.（1）节省金属材料，减轻构件重量。与铆接相比，可节省材料15%~20%，如将铸件改为焊接结构，重量可减少30%~50%。

（2）可以以小拼大，简化工艺，缩短生产周期，产品成本低。

（3）焊接接头可靠、产品质量好，与铆接比气密性好。

（4）便于实现工艺过程机械化、自动化。

7. 电焊条由焊条芯和药皮两部分组成。焊接时焊芯的作用一是导电，产生电弧；二是熔化后作为填充金属，与熔化的母材一起形成焊缝。药皮的主要作用是保证焊接电弧的稳定燃烧，防止空气进入焊接熔池，添加合金元素，保证焊缝具有良好的力学性能。

8. ①硬度；

②耐磨性；

③强度与韧性；

④热硬性；

⑤化学稳定性；

⑥良好的工艺性及经济性。

9.车削加工范围主要有：车外圆面（含外圆切槽）、车内圆面（含内圆切槽）、车锥面、车平面、钻中心孔、钻孔、铰孔、车外螺纹、车内螺纹、车成形面和滚花等。

10.车刀按用途可分为：端面车刀、外圆车刀、切断车刀、内孔车刀和螺纹车刀和圆头车刀。车刀按结构又可分为整体式车刀、焊接式车刀、机夹式车刀和可转位车刀。

11.（1）易于保证各加工表面的位置精度。

（2）生产率较高。

（3）生产成本低。

12.（1）能加工硬度很高的材料。

（2）能加工出精度高、表面粗糙度值低的表面。

（3）磨削温度高。

（4）磨削的径向分力大。

13.（1）零件完全不能工作。

（2）零件虽然能工作，但已不能完成指定的功能。

（3）零件有严重损伤，继续工作不安全。

14.断裂失效（包括静载荷或冲击载荷、断裂、疲劳破坏、应力、腐蚀、破裂等）；

磨损失效（包括过量的磨损、表面龟裂、麻点剥落等）；

变形失效（包括过量的弹性变形或塑性变形、高温蠕变等）。

15.①铸造工艺性；

②锻造工艺性；

③焊接工艺性；

④切削加工工艺性；

⑤黏结固化工艺性；

⑥热处理工艺性。

项目四　机械加工工艺与装配

一、填空题

1. 工序；2. 安装；3. 产品产量、进度计划；4. 单件生产、成批生产、大量生产；5. 可行性、经济性；6. 优质、高产、低成本；7. 主平面、次要表面；8. 零件；9. 位置精度、运动精度、配合精度、接触精度；10. 清洗、装配、校正、调整、配作；11. 互换法装配、分组法装配。

二、选择题

1.D；2.B；3.D；4.C。

三、判断题

1.×；2.√；3.√；4.√；5.×；6.√；7.×；8.√。

四、名词解释

1. 生产过程是指将原材料转变为成品的一系列相互关联的劳动过程的总和。

2. 工序是指一位（或一组）工人，在一个工作地（指安置机床、钳工台等加工设备和装置的地点）对一个（或同时对几个）工件所连续完成的那一部分机械加工工艺过程。

3. 组件是指由若干个零件组成的，结构和装配上有一定独立性的组合体。

4. 根据规定的技术要求，将零件结合成部件，并且进一步将零件和部件结合成机器的过程，称为装配。

5. 校正是指采用平尺、角尺、水平仪、光学准直仪等工具，找正或调整机器中有关零件间的相互位置。

五、简答题

1. 粗加工阶段的主要任务是尽快切除各加工表面的大部分加工余量，一般粗加工需要达到的加工精度和表面质量要求均较低。半精加工阶段的主要任务是为零件主要表面的精加工做好准备，达到一定的精度和表面粗糙度，保证一定的精加工余量，同时完成一些次要表面的加工。精加工阶段的主要任务是保证零件各主要加工表面达到图纸规定的要求，一般在精加工中从零件表面切除的余量较少。

2. 机械加工工序的安排通常遵守先加工基准面，再加工其他表面；先粗加工，后精加工；先加工主要表面，再加工次要表面；先加工平面，后加工孔的原则。但是允许其中的某些工序做适当的交叉。

3. 在装配时各配合零件无须选择、加工或调整，装配后即能达到规定的装配精度的方法，称为互换法装配。

优点是：装配质量稳定可靠；装配过程简单，生产率高；易于实现装配机械化、自动化；便于组织流水作业和零部件的协作与专业化生产；有利于产品的维护和零部件的更换。

缺点是：对零件的加工精度要求高，加工困难，故一般用于大批、大量生产中装配精度要求不高的产品。

项目五 平面机构的运动简图及自由度

一、填空题

1. 低副；2. 接触、活动连接、转动副、移动副。

二、选择题

1. B；2. A。

三、判断题

1. √；2. ×。

四、名词解释

1. 构件的自由度是指构件在组成机构之前具有的独立运动的数目。
2. 这种两个构件既直接接触又能产生一定的相对运动的连接，称为运动副。
3. 两个构件通过面接触而形成的运动副称为低副。
4. 两个构件之间通过点或线接触形成的运动副称为高副。
5. 构件通过运动副的连接而成的可相对运动的系统称为运动链。

五、简答题

1. 这种两个构件既直接接触又能产生一定的相对运动的连接，称为运动副。两构件之间一般通过点、线或面接触，按接触方式不同，运动副可分为低副和高副两大类。两个构件通过面接触而形成的运动副称为低副。低副又可分为转动副和移动副。两个构件之间通过点或线接触形成的运动副称为高副。

2. 平面低副引入 2 个约束；平面高副引入 1 个约束。

3. 利用机构运动简图可以表达一部复杂机器的传动原理，可以进行机构的运动和动力分析。

4. $F=3(N-1)-2P_L-P_H=3n-2P_L-P_H$

① 复合铰链；

② 局部自由度；

③ 虚约束。

5. 机构具有确定运动的条件是：机构的自由度大于零，而且其自由度与原动件的数目相等。

6. $F=3N-2P_L-P_H=3\times4-2\times5-1=1$。

7. （1）$F=3N-2P_L-P_H=3\times5-2\times7-0=1$，是；

（2）$F=3N-2P_L-P_H=3\times3-2\times3-1=2$，否。

8. （1）分析机构的工作原理、实际构造和运动情况，按照传动路线对构件进行编号，确定机构中的固定构件(机架)、主动件(输入构件)及从动件。

（2）从主动件(输入构件)开始，沿着运动传递路线，分析各构件之间相对运动的性质，以确定运动副的类型和数目。

（3）选择适当的视图平面。平面机构一般选择与构件运动平行的平面作投影面。

（4）选取合适的比例尺，确定各运动副之间的相对位置，用简单的线条和规定的运动副符号绘制出机构运动简图。

项目六 平面连杆机构

一、填空题

1. 平面机构；2. 从动件；3. 四、转动副、机架、连杆、连架杆；4. 曲柄摇杆机构、双曲柄机构、双摇杆机构；5. 最短、整周回转；6. 整周回转、往复摆动；7. 对应曲柄两位置；8. 反行程、工作效率；9. 急回系数、行程速比系数、K；10. 压力角、传动角。

二、选择题

1.A；2.D；3.D；4.C；5.D；6.A；7.D；8.B；9.C；10.B；11.A；12.C；13.C。

三、判断题

1.√；2.√；3.√；4.√；5.×；6.×；7.×；8.√；9.√；10.√；11.×；12.×。

四、名词解释

1. 若连杆机构中所有构件均在某一平面内运动或在相互平行的平面内运动，则称为平面连杆机构。

2. 由四个构件组成的平面连杆机构称为平面四杆机构。

3. 当平面四杆机构中的运动副都是转动副时，称其为铰链四杆机构。

4. 当两连架杆中一个是曲柄，另一个是摇杆的铰链四杆机构时，称其为曲柄摇杆机构。

5. 当两连架杆均为曲柄的铰链四杆机构时，称其为双曲柄机构。

6. 当两连架杆均为摇杆的四杆机构时，称其为双摇杆机构。

7. 在某些连杆机构中，当曲柄做等速转动时，从动件做往复运动，而且返回时的平均速度比前进时的平均速度要大，这种性质称为连杆机构的急回特性。

8. F 的作用线与其作用点速度方向所夹的锐角，称为压力角。

9. 在此位置，无论驱动力多大，均不能使从动件运动，机构的这种位置称为死点位置。

五、简答题

1. 因为接触表面为平面或圆柱面，所以连杆机构以低副连接。

压强小，且便于润滑，磨损较小，寿命较长；结构简单，制造加工比较容易；可实现远距离操纵控制；常用来实现预定运动轨迹或预定运动规律。

因为连杆机构的设计计算比较复杂烦琐，所实现的运动规律往往精度不高，运动时产生的惯性力难以平衡，所以不适用于高速的场合。

2. 铰链四杆机构可分为曲柄摇杆、双曲柄和双摇杆三种类型。

曲柄摇杆机构是两连架杆中一个是曲柄，另一个是摇杆的铰链四杆机构。曲柄摇杆机构一般以曲柄为原动件做等速转动，摇杆为从动件做往复摆动。

双曲柄机构是两连架杆均为曲柄的铰链四杆机构。一般原动曲柄做等速转动，从动曲柄做变速转动。

双摇杆机构两连架杆均为摇杆的四杆机构。双摇杆机构常用于操纵机构、仪表机构等。

3.（1）铰链四杆机构是低副机构，构件间的相对运动部分为面接触，故单位面积上的压力较小，并且低副的构造便于润滑，摩擦磨损较小，寿命长，适于传递较大的动力。

（2）两构件的接触面为简单几何形状，便于制造，能获得较高精度。

（3）构件间的相互接触是依靠运动副元素的几何形状来保证的，无须另外采取措施。

（4）运动副中存在间隙，难以实现从动件精确的运动规律。

4. 能做整周回转运动的连架杆称为曲柄。

（1）最短杆和最长杆长度之和应小于或等于其余两杆长度之和（必要条件，称为"杆长和条件"）。

（2）连架杆和机架中必有一杆为最短杆（充分条件）。

5. 曲柄滑块机构；导杆机构；曲柄摇块机构；移动导杆机构；曲柄移动导杆机构。

6. 在某些连杆机构中，当曲柄做等速转动时，从动件做往复运动，而且返回时的平均速度比前进时的平均速度要大，这种性质称为连杆机构的急回特性。

在生产实际中利用连杆机构的急回特性可以缩短非生产时间从而提高生产效率，因而在设计各种机器时广泛考虑采用具有急回特性的连杆机构。

7. 力 F 的作用线与其作用点速度（v_c）方向所夹的锐角，称为压力角 α，其余角 γ 称为传动角。

因为 α 角越小或 γ 角越大，使从动件运动的有效分力 F_t 就越大，机构的传动性能就越好，所以压力角 α 是反映机构传动性能的重要指标。

8. 无论驱动力多大，均不能使从动件运动，机构的这种位置称为死点位置。

四杆机构中是否存在死点，取决于从动件是否与连杆共线。对曲柄摇杆机构，若以曲柄为原动件，因连杆与从动摇杆无共线位置，故不存在死点；若以摇杆为原动件，因连杆与从动曲柄有共线位置，故存在死点。

为克服死点对传动的不利影响，应采取相应措施使需要连续运转的机器顺利通过死点。

9. 双曲柄机构；曲柄摇杆机构；双摇杆机构；双摇杆机构。

10.（1）AB 或 CD；（2）AD；（3）BC。

11.（1）AD 为最短杆：$x+30 \leq 30+35$；$x \leq 15$。

（2）AD 最短：$50+30 \leq x+35$；$45 \leq x \leq 50$。

（3）50+x ≥ 30+35（x 最短），x ≥ 15；50+30 ≥ x+35（AD 最短），x ≤ 50、15 ≤ x ≤ 45。

12. 以 L_{BC} 为机架是曲柄摇杆机构；以 L_{AD} 为机架是双曲柄机构。

13.

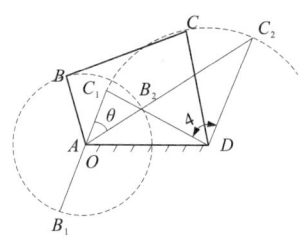

13题图（答）

14. 根据图示 6-6 尺寸和机架判断铰链四杆机构的类型。

（a）是 __双曲柄__ 机构； （b）是 __双摇杆__ 机构；

（c）是 __曲柄摇杆__ 机构； （d）是 __双摇杆__ 机构。

项目七 凸轮机构和其他常用机构

一、填空题

1.凸轮、从动件、机架、凸轮；2.移动从动件凸轮、摆动从动件凸轮；3.轮廓线最小向径；4.反转；5.等速、等加速等减速、简谐、摆线。

二、选择题

1.D；2.A；3.B；4.C；5.B；6.C；7.A。

三、判断题

1.√；2.×；3.×；4.×；5.√；6.×；7.√；8.√。

四、名词解释

凸轮机构是由凸轮、从动件和机架三个基本构件所组成的一种高副机构。

五、简答题

1. 凸轮机构的特点是：结构简单、紧凑；设计方便，只需设计出适当的凸轮轮廓，就可使从动件实现任何预期的运动规律；由于凸轮副是高副，为点接触或线接触，因此容易磨损。凸轮机构主要用于传递动力不大的场合。

2.（1）按凸轮形状分类：盘形凸轮机构、移动凸轮机构、圆柱凸轮机构。

（2）按从动件形状分类：尖底从动件、滚子从动件、平底从动件。

（3）按从动件与凸轮保持接触的方式分类：力锁和的凸轮机构、几何锁和的凸轮机构。

3.（1）等速运动规律：会产生非常大的惯性力，导致机构的剧烈冲击，若单独采用此运动规律，则仅适用于低速轻载的场合。

（2）等加速等减速运动规律：这种运动规律的速度曲线是连续的，不会产生刚性冲击。此运动规律一般可用于中速轻载的场合。

（3）余弦加速度运动规律：由于这种运动规律在行驶的始末两点加速度发生有限突变，因此会引起柔性冲击。因此，在一般情况下，它仅适用于中速中载的场合。当从动件做升—降—升运动循环时，若在推程和回程中，均采用此运动规律，则可获得包括始末点的全程光滑连续的加速度曲线。由于在此情况下，不会产生冲击，故可用于高速凸轮机构。

（4）正弦加速度运动规律：不会使机构产生冲击，适用于高速场合。

4.（1）尖底从动件：结构简单，能与任何曲线的凸轮轮廓保持高副连接，故可使从动件实现任意的运动规律。因为尖底易磨损，所以这种从动件只适用于传力不大的低速凸轮机构。

（2）滚子从动件：磨损小而且均匀，可承受较大载荷，因而应用普遍。

（3）平底从动件：传动效率最高，便于润滑和减少磨损，常用于高速凸轮机构。但是这种从动件的缺点是不能用于具有内凹曲线轮廓的凸轮机构。

项目八　汽车常用连接

一、填空题

1.键、键槽；2.可拆、不可拆、可拆连接；3.螺旋副在受载时发生相对转动、摩擦防松、机械防松、永久防松；4.两侧面；5.上下平面；6.三角形花键、渐开线花键和矩形花键；7.螺距。

二、选择题

1.C；2.B；3.A；4.C；5.A；6.B。

三、判断题

1.×；2.√；3.×；4.√；5.×；6.√。

四、简答题

（a）渐开线花键连接；（b）圆柱销连接；（c）开口销连接；（d）螺栓连接；（e）滑键连接；（f）紧定螺钉连接。

项目九 带传动和链传动

一、填空题

1.主动带轮、从动带轮、传动带；2.平带、V带、多楔带、圆形带；3.主动链轮、从动链轮、链条；4.轮缘、轮毂、轮辐；5.定期、自动、张紧轮；6.摩擦；7.张紧轮；8.强力层、压缩层、包封层、强力层；9.15 mm；10.啮合；11.滚子链、齿形链、滚子链。

二、选择题

1.B；2.A；3.D；4.A；5.A；6.D；7.B；8.A；9.D；10.B；11.A；12.A；13.C；14.B；15.A；16.A；17.C。

三、判断题

1.×；2.×；3.×；4.×；5.√；6.×；7.×；8.√；9.√；10.√；11.×；12.√；13.×；14.√；15.√。

四、名词解释

带传动是一种常用的机械传动装置。它主要由主动带轮、从动带轮和张紧在两带轮上的环形带组成。

五、简答题

1.摩擦带传动；啮合带传动：同步带传动；齿孔带传动。

2. 带传动由主动带轮、从动带轮和张紧在两带轮上的环形带组成。

3.（1）带有弹性，能缓冲吸振，故传动平稳、噪声小。

（2）过载时，带能发生打滑现象，不至于损坏从动零件，具有过载保护的作用。

（3）结构简单，制造成本低，便于安装和维修。

（4）因为带必须张紧在带轮上，所以作用在轴上的压力比较大。

（5）带与带轮之间存在弹性滑动，不能保证传动比恒定不变，降低传动效率。

4. 摩擦带传动适用于传动平稳、对传动比要求不严格以及传动中心距较大的场合。由于啮合带传动中的同步带传动能保证准确的传动比，其适应的速度范围广（$v ⩽ 50$ m/s）、传动比大（$i ⩽ 12$）、传动效率高（$\eta=0.98~0.99$），传动结构紧凑，故广泛用于电子计算机、数控机床及纺织机械中。啮合带传动中的齿孔带传动，常用于放映机、打印机，以保证同步运动。

5. 普通 V 带结构，由顶胶（拉伸层）、抗拉体（强力层）、底胶（压缩层）以及包布层组成。

6. 普通 V 带已标准化，按照截面尺寸的不同，可分为 Y、Z、A、B、C、D、E 七种型号。

7. 带传动一般安装在传动系统的高速级，带轮的转速较高，故要求带轮有足够的强度。带轮常用铸铁制造，有时也采用铸钢、铝合金或非金属材料（塑料、木材等）。铸铁带轮（HT150、HT200）允许的最大圆周速度为 25 m/s；速度更高时，可采用铸钢或钢板冲压后焊接；塑料带轮的质量轻、摩擦系数大，常用于机床；铝合金材料一般应用于传递较小功率的场合。

8. 带在工作一段时间后会因产生塑性变形而松弛，影响带传动的正常工作。为了保证带传动的传动能力，使带产生并保持一定的初拉力，必须对带进行定期检查与重新张紧。

9. 常见的带传动的张紧方式有以下两种方式。

（1）调整中心距：常见的依据调整中心距的张紧方法可分为定期张紧装置和自动张紧装置两大类。

（2）采用张紧轮。

10. 带传动的失效形式主要有两种：一种是打滑。有效圆周力超过带与带轮面之间的极限摩擦力，带在带轮面上发生明显的全面滑动，而使带不能正常传动。另一种是带的疲劳破坏。带在工作时的应力随着带的运转而变化，是交变应力。转速越高、带越短，单位时间内带绕过带轮的次数越多，带的应力变化就越频繁。长时期工作，当应力循环次数达到一定值时，传动带将会产生脱层、撕裂，最后导致疲劳断裂，从而使带传动失效。

11.（1）安装时，两带轮轴线应平行，两轮相对应轮槽的中心线应重合，否则会加速带的磨损，降低带的寿命。

（2）安装 V 带时应按规定的初拉力张紧，也可凭经验，对于中等中心距的带传动，以按下 15 mm 为宜。

（3）选用 V 带时要注意型号和长度，型号要和带轮轮槽尺寸相符合。新旧不同的 V 带不能同时使用。

（4）装拆时不能硬撬，应先缩短中心距，然后再装拆胶带。装好后再调到合适的张紧程度。

（5）带传动不需要润滑，使用中注意防止润滑油流入带与带轮的工作表面。

12.链传动可分为传动链、起重链和牵引链。传动链主要用于一般机械传动；起重链和牵引链用于起重机械和运输机械。

13.（1）链传动无弹性滑动和打滑现象，能获得准确的平均传动比，但瞬时传动比不恒定。在工况相同时，链传动结构更为紧凑，传动效率较高。

（2）链传动所需张紧力小，故链条对轴的压力较小。

（3）链传动可在高温、油污、潮湿、泥沙等环境恶劣情况下工作。

（4）链传动平稳性差，有噪声，磨损后易发生跳齿和脱链，急速反向转动的性能差。

14.滚子链由内链板、外链板、套筒、销轴和滚子组成。内链节由内链板与套筒组成，内链板与套筒之间为过盈配合连接；套筒与滚子之间为间隙配合，滚子可绕套筒自由转动。外链节由外链板和销轴组成，外链板和销轴之间也是过盈配合连接。内、外链板之间用销轴和套筒以间隙配合相连接，构成活动铰链。

15.①链板疲劳破坏；②链条铰链胶合；③链条铰链磨损；④链条过载拉断；⑤套筒、滚子冲击疲劳破坏。

项目十 齿轮传动

一、填空题

1.传动比恒定　具有足够的承载能力和较长的使用寿命；2.分度圆、分度圆；3.模数、压力角；4.越大；5.节圆；6.法向模数、大端模数；7. $m_{n1}=m_{n2}=m$，$\alpha_{n1}=\alpha_{n2}=\alpha$，$\beta_1=\pm\beta_2$；8.轮齿折断、齿面点蚀、齿面胶合、齿面磨损、齿面塑性变形；9.两轴间；10.齿面点蚀或齿面胶合；11.基圆；12.齿根部分、齿顶、齿顶圆、齿顶、齿根部分、齿顶圆；13.2.5、480 r/min。

二、选择题

1.B；2.D；3.B；4.D；5.D；6.C；7.C；8.B；9.B；10.A；11.C；12.B；13.B；14.A；15.A；16.B；17.C；18.C；19.A。

三、判断题

1.√；2.×；3.√；4.√；5.√；6.√；7.√；8.×；9.×。

四、简答题

1. 该圆柱齿轮机构的传动比 $i_{12} = \dfrac{z_2}{z_1}$，所以 $z_2 = i_{12} \times z_1 = 0.5 \times 40 = 20$。

① 两轮的分度圆直径：$d_1 = mz_1 = 3 \times 40 = 120 (\text{mm})$，$d_2 = mz_2 = 3 \times 20 = 60 (\text{mm})$

齿顶圆直径：$d_{a1} = (z_1 + 2h_a^*)m = (40 + 2 \times 1) \times 3 = 126 (\text{mm})$

$d_{a2} = (z_2 + 2h_a^*)m = (20 + 2 \times 1) \times 3 = 66 (\text{mm})$

齿根圆直径：$d_{f1} = (z_1 - 2h_a^* - 2c^*)m = (40 - 2 \times 1 - 2 \times 0.25) \times 3 = 112.5 (\text{mm})$

$d_{f2} = (z_2 - 2h_a^* - 2c^*)m = (20 - 2 \times 1 - 2 \times 0.25) \times 3 = 52.5 (\text{mm})$

基圆直径：$d_{b1} = d_1 \times \cos\partial = 120 \times \cos 20° = 112.76 (\text{mm})$

$d_{b2} = d_2 \times \cos\partial = 60 \times \cos 20° = 56.38 (\text{mm})$

分度圆上齿厚：$s = \dfrac{\pi m}{2} = \dfrac{3.14 \times 3}{2} = 4.71 (\text{mm})$

② 两轮中心距：$a = \dfrac{d_1 + d_2}{2} = \dfrac{120 + 60}{2} = 90 (\text{mm})$

2. $d_{a1} = (z_1 + 2h_a^*)m$ 则 $m = 2.9 \text{mm}$

$a = \dfrac{d_1 + d_2}{2}$ 则 $z_2 = 42$

$d_1 = mz_1 = 2.9 \times 36 = 104.4 (\text{mm})$ $d_2 = mz_2 = 2.9 \times 42 = 121.8 (\text{mm})$

3. $d_1 = mz_1 = 6 \times 14 = 84 (\text{mm})$ $d_2 = mz_2 = 6 \times 39 = 234 (\text{mm})$

$d_{a1} = (z_1 + 2h_a^*)m = (14 + 2 \times 1) \times 6 = 72 (\text{mm})$

$d_{a2} = (z_2 + 2h_a^*)m = (39 + 2 \times 1) \times 6 = 222 (\text{mm})$

$d_{f1} = (z_1 - 2h_a^* - 2c^*)m = (14 - 2 \times 1 - 2 \times 0.25) \times 6 = 99 (\text{mm})$

$d_{f2} = (z_2 - 2h_a^* - 2c^*)m = (39 - 2 \times 1 - 2 \times 0.25) \times 6 = 249 (\text{mm})$

$a = \dfrac{d_2 + d_1}{2} = 75 (\text{mm})$

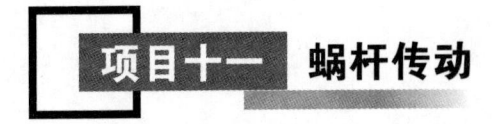

项目十一 蜗杆传动

一、填空题

1. 齿面疲劳点蚀、胶合、磨损、轮齿折断、蜗轮轮齿；2. 右、中间平面、阿基米德螺线；

3.不；4.蜗杆的头数 Z_1、蜗杆的直径系数 q、蜗杆分度圆直径〔或模数、Z_1、q〕；5.低、大、1，2，4，6；6.减少蜗轮刀具数目，有利于刀具标准化；7.齿条、斜齿圆柱齿轮；8.车制蜗杆、铣制蜗杆。

二、判断题

1.×；2.×；3.√；4.√；5.×。

三、选择题

1.C；2.D；3.B；4.B；5.A；6.A；7.A；8.D；9.B；10.C；11.C；12.D；13.C；14.C；15.C；16.A。

四、简答题

1.阿基米德蜗杆（ZA 蜗杆）；渐开线蜗杆（ZI 蜗杆）；法向直廓蜗杆（ZN 蜗杆）；锥面包络蜗杆（ZK 蜗杆）。

2.（1）蜗杆的轴向模数 ma_1= 蜗轮的端面模数 mt_2 且等于标准模数；

（2）杆的轴向压力角 α_{a1}= 蜗轮的端面压力角 α_{t2} 且等于标准压力角；

（3）蜗杆的导程角 γ= 蜗轮的螺旋角 β 且均可用 γ 表示，蜗轮与蜗轮的螺旋线方向相同。

3.点蚀、齿根折断、齿面胶合及过度磨损。

4.如图 11-1 所示，试判断蜗杆传动中蜗轮(或蜗杆)的回转方向及螺旋方向。

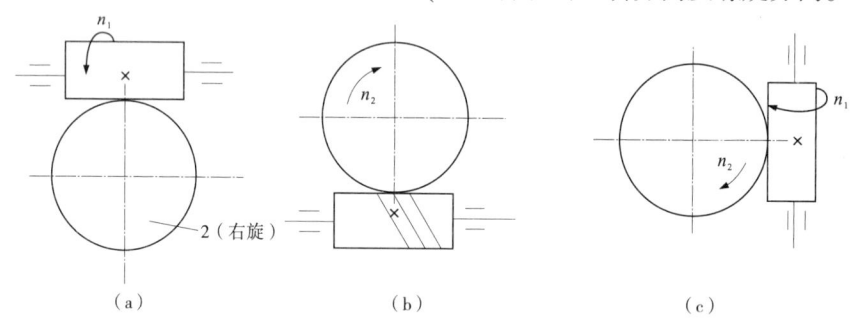

图 11-1

（a）蜗杆为右旋；（b）顺时针；（c）蜗杆为右旋

项目十二 汽车齿轮系

一、填空题

1.所有齿轮轴线都固定的轮系、至少有一个齿轮的轴线可以绕另一个齿轮轴线旋转；2.太阳轮、行星轮、行星架；3.太阳轮、行星轮、齿圈、行星架、周转轮系的传动比、行星架相对静止时的传动比；4.惰轮；5.2、1；6.转化法。

二、选择题

1.D；2.A；3.A；4.C；5.A。

三、判断题

1.√；2.×；3.×；4.√。

四、简答题

1. $i_{15} = \dfrac{n_1}{n_5} = (-1)^3 \dfrac{z_2 \cdot z_3 \cdot z_4 \cdot z_5}{z_1 \cdot z_2 \cdot z_3 \cdot z_4} = -2.81$

2. $i_{16} = \dfrac{n_1}{n_6} = (-1)^2 \dfrac{z_2 \cdot z_4 \cdot z_6}{z_1 \cdot z_3 \cdot z_5} \times 2 = 45$ （3分）

   n_6 =13.33 (r/min)　　(1分)

3. $i_{H1} = \dfrac{1}{i_{1H}} = \dfrac{1}{1 - \dfrac{101 \times 99}{100 \times 100}} = 10\,000$

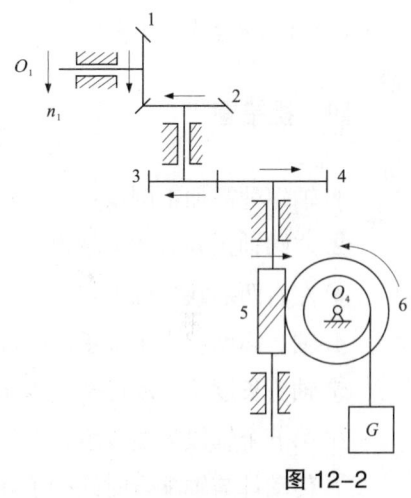

图 12-2

项目十三 轴

一、填空题

1.心轴；2.弯矩、扭矩；3.心轴、传动轴、转轴；4.运动、动力；5.碳钢、合金钢；6.定位、固定。

二、选择题

1.B；2.B；3.A；4.C。

三、判断题

1.×；2.×；3.×；4.×。

四、挑错题

① 轴端处需加工倒角；
② 左端轴颈处需加工越程槽；
③ 左右两端缺少轴承盖；
④ 轴肩高度应小于轴承内圈高度；
⑤ 轴头长度比传动件宽度少 1~2 mm；
⑥ 第五个轴段需要分段；
⑦ 传动件与轴配合时缺少了连接件；
⑧ 右侧轴端缺少轴端挡圈。

五、综合题

1.①轴颈；②越程槽；③轴头；④轴颈；⑤带轮；⑥轴头；⑦轴承盖；⑧机箱；⑨套筒；⑩齿轮；⑪轴环；⑫轴承。

2.为防止外界环境中的灰尘、杂质及水汽渗入轴承，并防止轴承内的润滑油外漏。

3.对齿轮和轴承定位，套筒高度应小于轴承内圈高度。

4.2 带轮，10 齿轮、传动件（带轮、齿轮）的宽度比轴头长度大 1~2 mm。

项目十四 轴承

一、填空题

1.径向滑动轴承、推力滑动轴承；2.不大、较小；3. 03、02、30206/P5、N417/P6、70110C/P4；
4.70000B；5.温度变化较大的轴；6.摩擦、散热、不承受；7.双支点单向固定、单支点双向固定；
8.深沟球、65、0；9.黏度；10.油杯润滑、浸油润滑、飞溅润滑、压力循环润滑。

二、选择题

1.A；2.A；3.A；4.D；5.A；6.A；7.C；8.D；9.B；10.B；11.A；12.A。

三、判断题

1.√；2.√；3.√；4.×；5.√；6.√；7.√；8.√。